Bibliothèque de Philosophie scientifique

HENRI POINCARÉ
DE L'INSTITUT

Dernières Pensées

L'Évolution des Lois. — L'Espace et le Temps.
Pourquoi l'Espace a trois dimensions.
La Logique de l'infini.
Les rapports de la Matière et de l'Éther.
La Morale et la Science, etc.

© 2024, Henri Poincaré (domaine public)

Édition: BoD - Books on Demand GmbH, In de Tarpen 42, 22848 Norderstedt (Allemagne)

Impression: Libri Plureos GmbH, Friedensallee 273, 22763 Hamburg (Allemagne)

ISBN: 978-2-3225-3913-0

Dépôt légal: Novembre 2024

1920

Tous droits de traduction, d'adaptation et de reproduction réservés pour tous les pays.

Droits de traduction et de reproduction réservés
pour tous les pays.
Copyright 1913,
by Ernest Flammarion.

AVERTISSEMENT

Sous ce titre *Dernières pensées*, nous réunissons ici divers articles et conférences que M. Henri Poincaré destinait lui-même à former le quatrième volume de ses ouvrages de philosophie scientifique. Tous les précédents avaient déjà paru dans cette collection.

Il serait inutile de rappeler leur prodigieux succès. Le plus illustre des mathématiciens modernes s'y est révélé éminent philosophe, un de ceux dont les livres influencent profondément la pensée humaine.

Il est probable que si Henri Poincaré lui-même avait publié ce volume, il eût modifié certains détails, fait disparaître quelques répétitions. Mais il nous a paru que le respect dû à la mémoire de ce grand mort interdisait aucune retouche à son texte.

Il nous a paru également inutile de faire précéder ce volume d'aucune étude sur l'œuvre de Henri Poincaré. Elle a été jugée par tous les savants et aucun commentaire ne pourrait augmenter la gloire de ce puissant génie.

G. L. B

CHAPITRE 1

L'ÉVOLUTION DES LOIS

M. Boutroux, dans ses travaux sur la contingence des lois de la nature, s'est demandé si les lois naturelles ne sont pas susceptibles de changer, si alors que le monde évolue continuellement, les lois elles-mêmes, c'est-à-dire les règles suivant lesquelles se fait cette évolution, seront seules exemptes de toute variation. Une pareille conception n'a aucune chance d'être jamais adoptée par les savants ; au sens où ils l'entendraient, ils ne sauraient y adhérer sans nier la légitimité et la possibilité même de la Science. Mais le philosophe conserve le droit de se poser la question, d'envisager les diverses solutions qu'elle comporte, d'en examiner les conséquences, et de chercher à les concilier avec les légitimes exigences des savants. Je voudrais considérer quelques-uns des aspects que le problème peut revêtir ; je serai ainsi amené non à des conclusions proprement dites, mais à diverses réflexions qui ne seront peut-être pas dénuées d'intérêt. Si, chemin faisant, je me laisse aller à parler un peu longuement de certaines questions connexes, on voudra bien me le pardonner.

I

Plaçons-nous d'abord au point de vue du mathématicien. Admettons pour un instant que les lois physiques aient subi des variations dans le cours des âges, et demandons-nous si nous aurions un moyen de nous en apercevoir. N'oublions pas d'abord que les quelques siècles pendant lesquels l'humanité a vécu et pensé, ont été précédés de périodes incomparablement plus longues où l'homme ne vivait pas encore ; ils seront sans doute suivis d'autres périodes où notre espèce aura disparu. Si l'on veut croire à une évolution des lois, elle ne peut sans contredit être que très lente, de sorte que, pendant le peu d'années où l'on a pensé, les lois de la nature n'ont pu subir que des changements insignifiants. Si elles ont évolué dans le passé, il faut comprendre par là le passé géologique. Les lois d'autrefois étaient-elles celles d'aujourd'hui, les lois de demain seront-elles encore les mêmes ? Quand on pose une pareille question, quel sens doit-on attacher aux mots autrefois, aujourd'hui et demain ? aujourd'hui ce sont les temps dont l'histoire a conservé le souvenir ; autrefois ce sont les millions d'années qui ont précédé l'histoire et où les ichthyosaures vivaient tranquillement sans philosopher ; demain, ce sont les millions d'années qui viendront ensuite, où la Terre sera refroidie et où l'homme n'aura plus d'yeux pour voir ni de cerveau pour penser.

Cela posé, qu'est-ce qu'une loi ? C'est un lien constant entre l'antécédent et le conséquent, entre l'état actuel du monde et son état immédiatement postérieur. Connaissant l'état actuel de chaque partie de l'univers, le savant idéal qui connaîtrait toutes les lois de la nature posséderait des règles fixes pour en déduire l'état que ces mêmes parties auront le lendemain ; on conçoit que ce processus puisse être poursuivi indéfiniment. De l'état du monde du lundi, on déduira celui du mardi ; connaissant celui du mardi, on en déduira par les mêmes procédés celui du mercredi ; et ainsi de suite. Mais ce n'est pas tout ; s'il y a un lien constant entre l'état du lundi et celui du mardi, on pourra déduire le second du premier, mais on pourra faire l'inverse, c'est-à-dire que si l'on connaît l'état du mardi, on pourra conclure à celui du lundi ; de l'état du lundi on conclura de même à celui du dimanche, et ainsi de suite ; on peut remonter le cours des temps de même qu'on peut le descendre. Avec le présent et les lois, on peut deviner l'avenir, mais on peut également deviner le passé. Le processus est essentiellement réversible.

Puisque nous nous plaçons ici au point de vue du mathématicien, il convient de donner à cette conception toute la précision qu'elle comporte dût-on pour cela employer le langage mathématique. Nous dirons alors que l'ensemble des lois équivaut à un système d'équations différentielles qui lient les vitesses de variations des divers éléments de l'univers aux valeurs actuelles de ces éléments.

Un pareil système comporte, comme on le sait, une infinité de solutions ; mais si nous nous donnons les valeurs initiales de tous les éléments, c'est-à-dire leurs valeurs à l'instant $t = 0$, (celui que dans le langage ordinaire nous appelons le présent) la solution se trouve entièrement déterminée, de sorte que nous pouvons calculer les valeurs de tous les éléments à une époque quelconque, soit que nous supposions $t > 0$, ce qui correspond à l'avenir, soit que nous supposions $t < 0$, ce qui correspond au passé. Ce qu'il importe de se rappeler, c'est que la façon de conclure du présent au passé ne se diffère pas de la façon de conclure du présent à avenir.

Quel moyen avons-nous alors de connaître le passé géologique, c'est-à-dire l'histoire des temps où les lois auraient pu autrefois varier ? Ce passé n'a pu être directement observé et nous ne le connaissons que par les traces qu'il a laissées dans le présent, nous ne le connaissons que par le présent, et nous ne pouvons l'en déduire que par le processus que nous venons de décrire, et qui nous permettrait également d'en déduire l'avenir. Or, ce processus est-il capable de nous révéler des changements dans les lois ? Évidemment non ; nous ne pouvons précisément l'appliquer qu'en supposant que les lois n'ont pas changé ; nous ne connaissons directement que l'état du lundi par exemple, et les règles qui lient l'état du dimanche à celui du lundi ; l'application de ces règles nous fera alors connaître l'état du dimanche ; mais si nous voulons pousser plus loin et en déduire l'état du samedi, il faut de toute nécessité que nous admettions que les mêmes règles qui nous ont permis de remonter du lundi au dimanche, étaient encore valables entre le dimanche et le samedi. Sans cela, la seule conclusion qui nous serait permise, c'est qu'il est impossible de savoir ce qui s'est passé le samedi. Si alors l'immutabilité des lois figure dans les prémisses de tous nos raisonnements, nous ne pouvons pas ne pas la trouver dans nos conclusions.

Un Leverrier, connaissant les orbites actuelles des planètes, calcule, en se servant de la loi de Newton, ce que seront devenues ces orbites dans 10.000 ans. De quelque manière qu'il dirige ses calculs, il ne pourra jamais trouver que la loi de Newton sera fausse dans quelques milliers d'années. Il aurait pu, en changeant tout simplement le signe du temps dans ses formules, calculer ce qu'étaient ces orbites il y a 10.000 ans ; mais il est sûr d'avance de ne pas trouver que la loi de Newton n'a pas été toujours vraie.

En résumé, nous ne pouvons rien savoir du passé qu'à la condition d'admettre que les lois n'ont pas changé ; si nous l'admettons, la question de l'évolution des lois ne se pose pas ; si nous ne l'admettons pas, la question est insoluble, de même que toutes celles qui se rapportent au passé.

II

Mais, dira-t-on, ne pourrait-il se faire que l'application du processus précédent conduisît à une contradiction, ou, si l'on veut, que nos équations différentielles n'admettent aucune solution ? Puisque l'hypothèse de l'immutabilité des lois, posée au début de tous nos raisonnements, conduirait à une conséquence absurde, nous aurions démontré *per absurdum* qu'elles ont évolué, tout en étant à tout jamais impuissants à savoir dans quel sens.

Comme notre processus est réversible, ce que nous venons de dire s'applique à l'avenir, et il semble qu'il y ait des cas où nous pourrions affirmer qu'avant telle date le monde doit périr ou changer ses lois ; si par exemple le calcul nous montre qu'à cette date, l'une des quantités que nous avons à envisager doit devenir infinie, ou prendre une valeur physiquement impossible. Périr, ou changer ses lois, c'est à peu près la même chose ; un monde qui n'aurait plus les lois du nôtre, ce ne serait plus notre monde, c'en serait un autre.

Est-il possible que l'étude du monde actuel et de ses lois nous conduise à des formules exposées à de semblables contradictions ? Les lois sont obtenues par l'expérience ; si elles nous enseignent que l'état A du dimanche entraîne l'état B du lundi, c'est qu'on a observé les deux états A et B ; c'est donc qu'aucun de ces deux états n'est physiquement impossible. Si nous poursuivons le processus, et si nous concluons en passant chaque fois d'un jour au jour suivant, de l'état A à l'état B, puis de l'état B à l'état C, puis de l'état C à l'état D, etc., c'est que tous ces états sont physiquement possibles ; car si l'état D par exemple ne l'était pas, on n'aurait jamais pu faire d'expérience prouvant que l'état C engendre au bout d'un jour l'état D. Quelque loin que les déductions soient poussées, on n'arrivera donc jamais à un état physiquement impossible, c'est-à-dire à une contradiction. Si une de nos formules n'en était pas exempte, c'est qu'on aurait dépassé l'expérience, c'est qu'on aurait extrapolé. Supposons par exemple qu'on ait observé que dans telle ou telle circonstance la température d'un corps baisse d'un degré par jour ; si elle est actuellement de 20° par exemple, on conclura que dans 300 jours, elle sera de −280° ; et cela sera absurde, physiquement impossible, puisque le zéro absolu est à −273°. Qu'est-ce à dire ? Avait-on observé que la température passait en un jour de −279° à −280° ? Non, sans doute, puisque ces deux températures sont inobservables. On avait vu par exemple que la loi était vraie à très peu près entre 0° et 20°, et on en avait abusivement conclu qu'elle devait l'être encore jusqu'à −273° et même au delà ; on avait fait une extrapolation illégitime. Mais il y a une infinité de manières d'extrapoler une formule empirique, et parmi elles on peut toujours en choisir une qui exclue les états physiquement impossibles.

Nous ne connaissons les lois qu'imparfaitement ; l'expérience ne fait que limiter notre choix, et parmi toutes les lois qu'elle nous permet de choisir, on en trouvera toujours qui ne nous exposent pas à une contradiction du genre de celles dont nous venons de parler et qui pourraient nous obliger à conclure contre l'immutabilité. Ce moyen de démontrer une pareille évolution nous échappe encore, qu'il s'agisse d'ailleurs de démontrer que les lois changeront, ou qu'elles ont changé.

III

Arrivés à ce point, on peut nous opposer un argument de fait. « Vous dites qu'en cherchant à remonter, grâce à la connaissance des lois, du présent au passé, on ne se heurtera jamais à une contradiction, et cependant les savants en ont rencontré, dont il ne semble pas qu'on puisse se tirer aussi facilement que vous le pensez. Qu'elles ne soient qu'apparentes, qu'on puisse conserver l'espoir de les lever, je vous l'accorde ; mais d'après votre raisonnement, une contradiction même apparente devrait être impossible ».

Citons tout de suite un exemple. Si l'on calcule d'après les lois de la thermodynamique, le temps depuis lequel le Soleil a pu nous verser sa chaleur, on trouve environ 50 millions d'années ; ce temps ne saurait suffire aux géologues ; non seulement l'évolution des formes organisées n'a pu se produire aussi vite, — c'est là un point sur lequel on pourrait discuter, — mais le dépôt des couches où on trouve des restes de végétaux ou d'animaux qui n'ont pu vivre sans soleil, a exigé un nombre d'années peut-être dix fois plus grand.

Ce qui a rendu la contradiction possible, c'est que le raisonnement sur lequel repose l'évidence géologique diffère beaucoup de celui du mathématicien. Observant des effets identiques, nous concluons à l'identité des causes, et par exemple en retrouvant les restes fossiles d'animaux appartenant à une famille actuellement vivante, nous concluons qu'à l'époque où s'est déposée la couche qui contient ces fossiles, les conditions sans lesquelles les animaux de cette famille ne sauraient vivre, se trouvaient *toutes* réalisées à la fois.

Au premier abord, c'est bien la même chose que faisait le mathématicien, dont nous avions adopté le point de vue dans les paragraphes précédents ; lui aussi il concluait que, les lois n'ayant pas changé, des effets identiques ne pouvaient avoir été produits que par des causes identiques. Il y a toutefois une différence essentielle. Considérons l'état du monde, à un instant donné, et à un autre instant antérieur ; l'état du monde, ou même celui d'une très petite partie du monde est quelque chose d'extrêmement complexe et qui dépend d'un très grand nombre d'éléments. Je suppose, pour simplifier l'exposé, deux éléments seulement, de sorte que deux données suffisent pour définir cet état. À l'instant postérieur, ces données seront par exemple A et B ; à l'instant antérieur A' et B'.

La formule du mathématicien, construite avec l'ensemble des lois observées, lui apprend que l'état AB ne peut avoir été engendré que par l'état antérieur $A'B'$; mais s'il ne connaît que l'une des données, A par exemple, sans savoir si elle est accompagnée de l'autre donnée B, sa formule ne lui permet aucune conclusion. Tout au plus, si les phénomènes A et A' lui apparaissent comme liés entre eux, mais relativement indépendants de B et de B', conclura-t-il de A

à A' ; en aucun cas, il ne déduira la double circonstance A' et B' de la circonstance unique A. Le géologue, au contraire, observant l'effet A seul, conclura qu'il n'a pu être produit que par le *concours* des causes A' et B' qui lui donnent souvent naissance sous nos yeux ; car dans bien des cas cet effet A est tellement spécial, qu'un autre concours de causes aboutissant au même effet serait absolument invraisemblable.

Si deux organismes sont identiques ou simplement analogues, cette analogie ne peut pas être due au hasard, et nous pouvons affirmer qu'ils ont vécu dans des conditions pareilles ; en en retrouvant les débris, nous serons sûrs, non seulement qu'il a préexisté un germe analogue à celui d'où nous voyons sortir des êtres semblables, mais que la température extérieure n'était pas trop élevée pour que ce germe pût se développer. Autrement ces débris ne pourraient être qu'un *ludus naturæ*, comme on le croyait au XVIIe siècle ; et il est inutile de dire qu'une pareille conclusion choque absolument la raison. L'existence de débris organisés n'est d'ailleurs qu'un cas extrême plus frappant que les autres, et sans sortir du monde minéral, nous aurions pu citer des exemples du même genre.

Le géologue peut donc conclure, là où le mathématicien serait impuissant. Mais on voit qu'il n'est plus garanti contre la contradiction comme l'était le mathématicien. Si d'une circonstance unique, il conclut à des circonstances antérieures multiples ; si l'étendue de la conclusion est en quelque sorte plus grande que celle des prémisses, il est possible que ce que l'on déduira d'une observation se trouve en désaccord avec ce qu'on tirera d'une autre. Chaque fait isolé devient pour ainsi dire un centre d'irradiation : de chacun d'eux le mathématicien déduisait un fait unique ; le géologue en déduit des faits multiples ; du point lumineux qui lui est donné, il fait un disque brillant plus ou moins étendu ; deux points lumineux lui donneront alors deux disques qui pourront empiéter l'un sur l'autre, d'où la possibilité d'un conflit. Par exemple s'il trouve dans une couche des mollusques qui ne peuvent vivre au-dessous de 20°, il conclura que les mers de ce temps étaient chaudes ; mais si ensuite un de ses collègues découvrait dans la même strate d'autres animaux que tuerait une température supérieure à 5°, il conclurait que ces mers étaient froides.

On peut avoir des raisons d'espérer que les observations ne se contrediront pas en fait, ou que les contradictions ne seront pas irréductibles, mais nous ne sommes plus pour ainsi dire garantis contre le risque d'une contradiction par les règles mêmes de la logique formelle. Et alors on peut se demander si en raisonnant comme les géologues, on ne tombera pas un jour dans quelque conséquence absurde, de sorte qu'on sera obligé de conclure à la mutabilité des lois.

IV

Qu'on me permette ici une digression. Nous venons de voir que le géologue possède un instrument qui manque au mathématicien et qui lui permet de conclure du présent au passé. Pourquoi le même instrument ne nous permet-il pas de conclure du présent à l'avenir ? Si je vois un homme de vingt ans, je suis sûr qu'il a franchi toutes les étapes depuis l'enfance jusqu'à l'âge adulte et par conséquent qu'il n'y a pas eu depuis vingt ans sur la Terre un cataclysme qui y ait détruit toute vie, mais cela ne me prouve en aucune façon qu'il n'y en aura pas un d'ici à vingt ans. Nous avons pour connaître le passé des armes qui nous manquent quand il s'agit de l'avenir, et c'est pour cela que l'avenir nous apparaît comme plus mystérieux que le passé.

Je ne puis m'empêcher ici de me reporter à un article que j'ai écrit sur le hasard ; j'y rappelais l'opinion de M. Lalande qui avait dit, au contraire que, si l'avenir est déterminé par le passé, le passé ne l'est pas par l'avenir. D'après lui une cause ne peut produire qu'un effet, tandis qu'un même effet peut être produit par plusieurs causes différentes. S'il en était ainsi, ce serait le passé qui serait mystérieux et l'avenir qui serait aisé à connaître.

Je ne pouvais adopter cette opinion, mais j'ai montré quelle avait pu en être l'origine. Le principe de Carnot nous montre que l'énergie, que rien ne peut détruire, est susceptible de se dissiper. Les températures tendent à s'égaliser, le monde tend vers l'uniformité, c'est-à-dire vers la mort. De grandes différences dans les causes ne produisent donc que de petites différences dans les effets. Dès que les différences dans les effets deviennent trop faibles pour être observables, nous n'avons plus aucun moyen de connaître les différences qui ont existé autrefois entre les causes qui leur ont donné naissance, quelque grandes que ces différences aient été.

Mais c'est justement parce que tout tend vers la mort, que la vie est une exception qu'il est nécessaire d'expliquer.

Que des cailloux roulants soient abandonnés au hasard sur une montagne, ils finiront tous par tomber dans la vallée ; si nous en retrouvons un tout en bas, ce sera un effet banal et qui ne nous renseignera pas sur l'histoire antérieure du caillou ; nous ne pourrons pas savoir en quel point de la montagne il a été d'abord placé. Mais si, par hasard, nous rencontrons une pierre dans le voisinage du sommet, nous pourrons affirmer qu'elle y a toujours été, puisque dès qu'elle se fût trouvée sur la pente, elle eût roulé jusqu'au fond ; et nous le ferons avec d'autant plus de certitude que le cas est plus exceptionnel et qu'il avait plus de chances de ne pas se produire.

V

Je n'ai soulevé cette question qu'incidemment ; elle mériterait qu'on y réfléchît ; mais je ne veux pas me laisser entraîner trop loin de mon sujet. Est-il possible que les contradictions des géologues amènent jamais les savants à conclure à l'évolution des lois ? Observons d'abord que c'est seulement dans la jeunesse des Sciences qu'elles emploient les raisonnements par analogie dont la géologie actuelle est obligée de se contenter. À mesure qu'elles se développent, elles se rapprochent de l'état que l'astronomie et la physique semblent avoir déjà atteint et où les lois sont susceptibles d'être énoncées dans le langage mathématique. Ce jour-là, ce que nous disions au début de ce travail redeviendra vrai sans restriction. Or beaucoup de personnes pensent que toutes les sciences sont appelées à subir plus ou moins vite, et les unes après les autres, la même évolution. S'il en était ainsi, les difficultés qui pourraient surgir ne seraient que provisoires, elles seraient destinées à s'évanouir dès que les sciences seraient sorties de l'enfance.

Mais nous n'avons pas besoin d'attendre cet incertain avenir. En quoi consiste le raisonnement par analogie du géologue ? Un fait géologique lui paraît tellement semblable à un fait actuel qu'il ne saurait attribuer cette similitude au hasard. Il ne croit pouvoir l'expliquer qu'en supposant que ces deux faits se soient produits dans des conditions tout à fait identiques. Et il irait imaginer que les conditions étaient identiques, sauf ce point de détail que les lois de la nature ayant varié dans l'intervalle, le monde tout entier aurait entièrement changé au point de devenir méconnaissable. Il affirmerait d'un côté que la température a dû rester la même, alors que par suite du bouleversement de toute la physique, les effets de la température seraient devenus tout différents, de sorte que le mot même de température aurait perdu toute espèce de sens. Évidemment, quoi qu'il arrive, ce ne sera jamais à une pareille conception qu'il s'arrêtera. La façon dont il conçoit la logique s'y oppose absolument.

VI

Et si l'humanité devait durer plus longtemps que nous ne l'avons supposé, assez longtemps pour voir les lois évoluer sous ses yeux ? Ou bien encore si elle venait à acquérir des instruments assez délicats pour que cette variation, toute lente qu'elle soit, devienne sensible après quelques générations ? Ce ne serait plus alors par induction, par inférence que nous connaîtrions les changements des lois, ce serait par observation directe. Les raisonnements précédents ne perdraient-ils pas toute valeur ? Les mémoires où seraient relatées les expériences de nos devanciers ne seraient encore que des vestiges du passé, qui ne nous donneraient de ce passé qu'une connaissance indirecte. Les vieux documents sont pour l'historien ce que les fossiles sont pour le géologue, et les ouvrages des savants d'autrefois ne seraient que de vieux documents. Ils ne nous renseigneraient sur la pensée de ces savants que dans la mesure où les hommes d'autrefois seraient semblables à nous. Si les lois du monde venaient à changer, toutes les parties de l'univers en subiraient le contrecoup et l'humanité n'y saurait échapper ; en admettant qu'elle pût survivre dans un milieu nouveau, il faudrait bien qu'elle changeât pour s'y adapter. Et alors le langage des hommes d'autrefois nous deviendrait incompréhensible ; les mots dont ils se servaient n'auraient plus de sens pour nous ou en auraient un autre que pour eux. N'est-ce pas déjà ce qui arrive, au bout de quelques siècles, bien que les lois de la physique soient demeurées immuables ?

Et alors nous retombons toujours dans le même dilemme : ou bien les documents d'autrefois seront restés parfaitement clairs pour nous, et ce sera alors que le monde est resté le même, et ils ne pourront nous apprendre autre chose ; ou bien ils seront devenus des énigmes indéchiffrables, et ils ne pourront rien nous apprendre du tout, pas même que les lois ont évolué ; nous savons assez qu'il n'en faut pas tant pour qu'ils soient pour nous lettre morte.

D'ailleurs les hommes d'autrefois, comme nous mêmes, n'auront jamais eu des lois naturelles qu'une connaissance fragmentaire. Nous trouverions toujours bien moyen de raccorder ces deux fragments même s'ils étaient restés intacts ; à plus forte raison s'il ne nous reste du plus ancien qu'une image affaiblie, incertaine et à demi effacée.

VII

Plaçons-nous maintenant à un autre point de vue. Les lois que nous donne l'observation directe ne sont jamais que des résultantes. Prenons par exemple la loi de Mariotte. Pour la plupart des physiciens, ce n'est qu'une conséquence de la théorie cinétique des gaz ; les molécules gazeuses sont animées de vitesses considérables, elles décrivent des trajectoires compliquées dont on pourrait écrire l'équation exacte si l'on savait suivant quelles lois elles s'attirent ou se repoussent mutuellement. En raisonnant sur ces trajectoires d'après les règles du calcul des probabilités, on arrive à démontrer que la densité d'un gaz est proportionnelle à sa pression.

Les lois qui régissent les corps observables ne seraient donc que des conséquences des lois moléculaires.

Leur simplicité ne serait qu'apparente et cacherait une réalité extrêmement complexe puisque la complexité en serait mesurée par le nombre même des molécules. Mais c'est justement parce que ce nombre est très grand que les divergences de détail se compenseraient mutuellement et que nous croirions à l'harmonie.

Et les molécules elles-mêmes sont peut-être des mondes ; leurs lois ne sont peut-être aussi que des résultantes, et pour en trouver la raison, il faudrait descendre jusqu'aux molécules des molécules, sans qu'on sache où l'on finira par s'arrêter.

Les lois observables alors dépendent de deux choses, les lois moléculaires et l'agencement des molécules. Ce sont les lois moléculaires qui jouissent de l'immutabilité puisque ce sont les vraies lois et que les autres ne sont que des apparences. Mais l'agencement des molécules peut changer et avec lui les lois observables. Et ce serait une raison de croire à l'évolution des lois.

VIII

Je suppose un monde dont les diverses parties possèdent une conductibilité calorifique si parfaite qu'elles se maintiennent constamment en équilibre de température. Les habitants de ce monde n'auraient aucune idée de ce que nous appelons différence de température ; dans leurs traités de physique, il n'y aurait pas de chapitre consacré à la thermométrie. À part cela ces traités pourraient être assez complets et ils enseigneraient une foule de lois, beaucoup plus simples même que les nôtres.

Imaginons maintenant que ce monde se refroidisse lentement par rayonnement ; la température y restera partout uniforme, mais elle diminuera avec le temps. Je suppose qu'un de ses habitants tombe en léthargie et se réveille au bout de quelques siècles ; nous admettrons, puisque nous avons déjà supposé tant de choses, qu'il puisse vivre dans un monde plus froid et qu'il ait conservé le souvenir des choses d'autrefois. Il verra que ses descendants font encore des traités de physique, qu'ils continuent à ne pas parler de thermométrie, mais que les lois qu'ils enseignent sont très différentes de celles qu'il a connues. Par exemple on lui a appris que l'eau bout sous une pression de 10 millimètres de mercure, et les nouveaux physiciens observeront que pour la faire bouillir il faut abaisser la pression jusqu'à 5 millimètres. Tel corps qu'il a connu autrefois liquide ne se présentera plus qu'à l'état solide et ainsi de suite. Les relations mutuelles des diverses parties de l'univers dépendent toutes de la température et dès qu'elle change, tout est bouleversé.

Eh bien, savons-nous s'il n'y a pas quelque entité physique, aussi inconnue pour nous que la température l'était pour les habitants de ce monde de fantaisie ? Savons-nous si cette entité ne varie pas constamment comme la température d'un globe qui perd sa chaleur par rayonnement, et si cette variation n'entraîne pas celle de toutes les lois ?

IX

Revenons à notre monde imaginaire et demandons-nous si ses habitants ne pourraient pas, sans renouveler l'histoire des dormants d'Éphèse, s'apercevoir de cette évolution. Sans doute, si parfaite que soit la conductibilité calorifique sur leur planète, elle ne serait pas absolue, de sorte que des différences de température extrêmement légères y seraient encore possibles. Elles échapperaient longtemps à l'observation, mais il viendrait peut-être un jour où on imaginerait des appareils de mesure plus sensibles et où un physicien de génie mettrait en évidence ces différences presque imperceptibles. Une théorie s'édifierait, on verrait que ces écarts de température ont une influence sur tous les phénomènes physiques, et finalement quelque philosophe, dont les vues paraîtraient hasardées et téméraires à la plupart de ses contemporains, affirmerait que la température moyenne de l'univers a pu varier dans le passé et avec elle toutes les lois connues. Ne pourrions-nous faire nous aussi quelque chose de pareil ? Par exemple les lois fondamentales de la Mécanique ont été longtemps considérées comme absolues. Aujourd'hui certains physiciens disent qu'elles doivent être modifiées, ou plutôt élargies ; qu'elles ne sont approximativement vraies que pour les vitesses auxquelles nous sommes accoutumés ; qu'elles cesseraient de l'être pour des vitesses comparables à celle de la lumière ; et ils appuient leur manière de voir sur certaines expériences faites au moyen du radium. Les anciennes lois de la Dynamique n'en restent pas moins pratiquement vraies pour le monde qui nous entoure. Mais ne pourrait-on pas dire avec quelque apparence de raison que par suite de la dissipation constante de l'énergie, les vitesses des corps ont dû tendre à diminuer, puisque leur force vive tendait à se transformer en chaleur ; qu'en remontant assez loin dans le passé, on trouverait une époque où les vitesses comparables à celle de la lumière n'étaient pas exceptionnelles, où par suite les lois classiques de la Dynamique n'étaient pas encore vraies ?

Supposons d'autre part que les lois observables ne soient que des résultantes, dépendant à la fois des lois moléculaires et de l'agencement des molécules ; quand les progrès de la Science nous auront familiarisés avec cette dépendance, nous pourrons sans doute conclure, qu'en vertu même des lois moléculaires, l'agencement des molécules a dû être autrefois différent de ce qu'il est aujourd'hui, et par conséquent que les lois observables n'ont pas toujours été les mêmes. Nous conclurions donc à la variabilité des lois, mais, qu'on le remarque bien, ce serait en vertu même du principe de leur immutabilité. Nous affirmerions que les lois apparentes ont changé, mais ce serait parce que les lois moléculaires, que nous regarderions désormais comme les vraies lois, seraient proclamées immuables.

X

Ainsi il n'est pas une seule loi que nous puissions énoncer avec la certitude qu'elle a toujours été vraie dans le passé avec la même approximation qu'aujourd'hui, je dirai plus, avec la certitude qu'on ne pourra jamais démontrer qu'elle a été fausse autrefois. Et néanmoins, il n'y a rien là qui puisse empêcher le savant de garder sa foi au principe de l'immutabilité, puisque aucune loi ne pourra jamais descendre au rang de loi transitoire, que pour être remplacée par une autre loi plus générale et plus compréhensive ; qu'elle ne devra même sa disgrâce qu'à l'avènement de cette loi nouvelle, de sorte qu'il n'y aura pas eu d'interrègne et que les principes resteront saufs ; que ce sera par eux que se feront les changements et que ces révolutions mêmes paraîtront en être une confirmation éclatante.

Il n'arrivera même pas qu'on constatera des variations par l'expérience ou par l'induction, et qu'on les expliquera après coup en cherchant à tout faire rentrer dans une synthèse plus ou moins artificielle. Non, ce sera la synthèse qui viendra d'abord, et si nous admettons des variations, ce sera pour ne pas la déranger.

XI

Jusqu'ici nous n'avons pas semblé nous inquiéter de savoir si les lois varient réellement, mais seulement si les hommes peuvent les croire variables. Les lois considérées comme existant en dehors de l'esprit qui les crée ou qui les observe sont-elles immuables *en soi* ? Non seulement la question est insoluble, mais elle n'a aucun sens. À quoi bon se demander si dans le monde des choses en soi les lois peuvent varier avec le temps, alors que dans un pareil monde, le mot de temps est peut-être vide de sens ? De ce que ce monde est, nous ne pouvons rien dire, ni rien penser, mais seulement de ce qu'il paraît ou pourrait paraître à des intelligences qui ne différeraient pas trop de la nôtre.

La question ainsi posée comporte une solution. Si nous envisageons deux esprits semblables au nôtre observant l'univers à deux dates différentes, séparées par exemple par des millions d'années, chacun de ces esprits bâtira une science, qui sera un système de lois déduites des faits observés. Il est probable que ces sciences seront très différentes et en ce sens on pourrait dire que les lois ont évolué. Mais quelque grand que soit l'écart, on pourra toujours concevoir une intelligence de même nature encore que la nôtre, mais de portée beaucoup plus grande, ou appelée à une vie plus longue, qui sera capable de faire la synthèse et de réunir dans une formule unique, parfaitement cohérente, les deux formules fragmentaires et approchées auxquelles les deux chercheurs éphémères étaient parvenus dans le peu de temps dont ils disposaient. Pour elle, les lois n'auront pas changé, la science sera immuable, ce seront seulement les savants qui auront été imparfaitement informés.

Pour prendre une comparaison géométrique, supposons qu'on puisse représenter les variations du monde par une courbe analytique. Chacun de nous ne peut voir qu'un très petit arc de cette courbe ; s'il le connaissait exactement, cela lui suffirait pour établir l'équation de la courbe, et pour pouvoir la prolonger indéfiniment. Mais il n'a de cet arc qu'une connaissance imparfaite et il peut se tromper sur cette équation : s'il cherche à prolonger la courbe, le trait qu'il tracera s'écartera de la courbe réelle d'autant plus que l'arc connu sera moins étendu, et qu'on voudra pousser plus loin le prolongement de cet arc. Un autre observateur ne connaîtra qu'un autre arc et ne le connaîtra non plus qu'imparfaitement.

Pour peu que les deux travailleurs soient loin l'un de l'autre, ces deux prolongements qu'ils traceront ne se raccorderont pas ; mais cela ne prouve pas qu'un observateur à la vue plus longue, qui apercevrait directement une plus grande longueur de courbe, de façon à embrasser à la fois ces deux arcs, ne serait pas en état d'écrire une équation plus exacte et qui concilierait leurs formules divergentes ; et même, quelque capricieuse que soit la courbe réelle, il y aura toujours une courbe analytique, qui sur une longueur aussi grande qu'on voudra, s'en écartera aussi peu qu'on voudra.

Sans doute bien des lecteurs seront choqués de voir qu'à tout instant je semble remplacer le monde par un système de symboles simples. Ce n'est pas simplement par habitude professionnelle de mathématicien ; la nature de mon sujet m'imposait absolument cette attitude. Le monde bergsonien n'a pas de lois ; ce qui peut en avoir, c'est simplement l'image plus ou moins déformée que les savants s'en font. Quand on dit que la nature est gouvernée par des lois, on entend que ce portrait est encore assez ressemblant. C'est donc sur lui et sur lui seulement que nous devions raisonner, sous peine de voir s'évanouir l'idée même de loi qui était l'objet de notre étude. Or cette image est démontable ; on peut la disséquer en éléments, y distinguer des instants extérieurs les uns aux autres, des parties indépendantes. Que si j'ai simplifié parfois à outrance et réduit ces éléments à un trop petit nombre, ce n'est là qu'une affaire de degré : cela ne changeait rien à la nature de mes raisonnements et à leur portée ; l'exposition en devenait simplement plus brève.

CHAPITRE II

L'ESPACE ET LE TEMPS

Une des raisons qui m'ont déterminé à revenir sur une des questions que j'ai le plus souvent traitées, c'est la révolution qui s'est récemment accomplie dans nos idées sur la Mécanique. Le principe de relativité, tel que le conçoit

Lorentz, ne va-t-il pas nous imposer une conception entièrement nouvelle de l'espace et du temps et par là nous forcer à abandonner des conclusions qui pouvaient sembler acquises ? N'avons-nous pas dit que la géométrie a été construite par l'esprit à l'occasion de l'expérience, sans doute, mais sans nous être imposée par l'expérience, de telle façon que, une fois constituée, elle est à l'abri de toute révision, elle est hors d'atteinte de nouveaux assauts de l'expérience ? et cependant les expériences sur lesquelles est fondée la mécanique nouvelle ne semblent-elles pas l'avoir ébranlée ? Pour voir ce qu'on en doit penser, je dois rappeler succinctement quelques-unes des idées fondamentales que j'ai cherché à mettre en évidence dans mes écrits antérieurs.

J'écarterai d'abord l'idée d'un prétendu sens de l'espace qui nous ferait localiser nos sensations dans un espace tout fait, dont la notion préexisterait à toute expérience, et qui avant toute expérience aurait toutes les propriétés de l'espace du géomètre. Qu'est-ce en effet que ce prétendu sens de l'espace ? Quand nous voulons savoir si un animal le possède, quelle expérience faisons-nous ? Nous plaçons dans son voisinage des objets qu'il convoite, et nous regardons s'il sait faire sans tâtonnement les mouvements qui lui permettent de les atteindre. Et comment voyons-nous que les autres hommes sont doués de ce précieux sens de l'espace ? c'est parce qu'eux aussi, ils sont capables de contracter leurs muscles à propos pour atteindre les objets dont la présence leur est révélée par certaines sensations. Qu'y a-t-il de plus quand nous constatons le sens de l'espace dans notre propre conscience ? Ici encore, en présence de sensations variées, nous savons que nous pourrions faire des mouvements qui nous permettraient d'atteindre les objets que nous regardons comme la cause de ces sensations, et par là d'agir sur ces sensations, les faire disparaître ou les rendre plus intenses ; la seule différence c'est que pour le savoir, nous n'avons pas besoin de faire effectivement ces mouvements, il nous suffit de nous les représenter. Ce sens de l'espace que l'intelligence serait impuissante à exprimer, ne pourrait être que je ne sais quelle force qui résiderait dans le tréfonds de l'inconscient, et alors cette force ne pourrait nous être connue que par les actes qu'elle provoque ; et ces actes ce sont précisément les mouvements dont je viens de parler. Le sens de l'espace se réduit donc à une association constante entre certaines sensations et certains mouvements, ou à la représentation de ces mouvements. (Est-il besoin, afin d'éviter une équivoque sans cesse renaissante, malgré mes explications réitérées, de répéter une fois de plus que j'entends par là non la représentation de ces mouvements dans l'espace, mais la représentation des sensations qui les accompagnent ?)

Pourquoi maintenant et dans quelle mesure l'espace est-il relatif ? Il est clair que si tous les objets qui nous entourent et notre corps lui-même, ainsi que nos instruments de mesure étaient transportés dans une autre région de l'espace, sans que leurs distances mutuelles varient, nous ne nous en apercevrions pas, et c'est en effet ce qui arrive, puisque nous sommes entraînés sans nous en douter par le mouvement de la Terre. Si les objets étaient tous agrandis dans une même proportion, et qu'il en fût de même de nos instruments de mesure, nous ne nous en apercevrions pas davantage. Ainsi non seulement nous ne pouvons connaître la position absolue d'un objet dans l'espace, de sorte que ce mot, « position absolue d'un objet », n'a aucun sens et qu'il convient de parler seulement de sa position relative par rapport à d'autres objets ; mais le mot « grandeur absolue d'un objet », « distance absolue de deux points », n'a aucun sens ; on doit parler seulement du rapport de deux grandeurs, du rapport de deux distances. Mais il y a plus : supposons que tous les objets soient déformés suivant une certaine loi, plus compliquée que les précédentes, suivant une loi tout à fait quelconque et qu'en même temps nos instruments de mesure soient déformés suivant la même loi ; de cela non plus nous ne pourrions pas nous apercevoir, de sorte que l'espace est beaucoup plus relatif encore qu'on ne le croit d'ordinaire. Nous ne pouvons nous apercevoir que des modifications de forme des objets qui diffèrent des modifications simultanées de forme de nos instruments de mesure.

Nos instruments de mesure sont des corps solides ; ou bien ils sont formés de plusieurs corps solides mobiles les uns par rapport aux autres et dont les déplacements relatifs nous sont indiqués par des repères placés sur ces corps, par des index se déplaçant sur des échelles graduées, et c'est précisément en lisant ces indications qu'on se sert de l'instrument. Nous savons donc si notre instrument s'est oui ou non déplacé à la façon d'un solide invariable, puisque dans ce cas les indications en question n'ont pas changé. Nos instruments comportent aussi des lunettes avec lesquelles nous faisons des visées, de sorte qu'on peut dire que le rayon lumineux est aussi un de nos instruments.

Notre intuition de l'espace nous en apprendra-t-elle davantage ? Nous venons de voir qu'elle se réduit à une association constante entre certaines sensations et certains mouvements. C'est dire que les membres avec lesquels nous faisons ces mouvements jouent aussi pour ainsi dire le rôle d'instruments de mesure. Ces instruments qui sont moins précis que ceux du savant nous suffisent pour la vie de tous les jours, et c'est avec eux que l'enfant, que l'homme primitif, a mesuré l'espace ou pour mieux dire s'est construit l'espace dont il se contente pour les besoins de sa vie quotidienne. Notre corps est notre premier instrument de mesure ; comme les autres, il se compose de plusieurs pièces solides mobiles les unes par rapport aux autres, et certaines sensations nous avertissent des déplacements relatifs de ces pièces, de sorte que comme dans le cas des instruments artificiels, nous savons si notre corps s'est oui ou non déplacé comme un solide invariable. En résumé, nos instruments, ceux que l'enfant doit à la nature, ceux que le savant doit à son génie, ont comme éléments fondamentaux le corps solide et le rayon lumineux.

Dans ces conditions l'espace a-t-il des propriétés géométriques indépendantes des instruments qui servent à le mesurer ? Il peut, avons-nous dit, subir une déformation quelconque sans que rien nous en avertisse, si nos instruments la subissent également. En réalité, il est donc amorphe, il est une forme flasque, sans rigidité, qui peut s'appliquer à tout ; il n'a pas de propriétés à lui ; faire de la géométrie, c'est étudier les propriétés de nos instruments, c'est-à-dire du corps solide.

Mais alors, comme nos instruments sont imparfaits, la géométrie devrait se modifier chaque fois qu'ils se perfectionnent ; les constructeurs devraient pouvoir mettre sur leurs prospectus : « Je fournis un espace bien supérieur à celui de mes concurrents, beaucoup plus simple, beaucoup plus commode, beaucoup plus confortable ». Nous savons qu'il n'en est pas ainsi ; nous serions tentés de dire que la géométrie, c'est l'étude des propriétés qu'auraient les instruments s'ils étaient parfaits. Mais pour cela il faudrait savoir ce que c'est qu'un instrument parfait, et nous ne le savons pas puisqu'il n'y en a pas, et que nous ne pourrions définir l'instrument idéal que par la géométrie, ce qui est un cercle vicieux. Et alors nous dirons que la géométrie est l'étude d'un ensemble de lois peu différentes de celles auxquelles obéissent réellement nos instruments, mais beaucoup plus simples, de lois qui ne régissent effectivement aucun objet naturel, mais qui sont concevables pour l'esprit. En ce sens, la géométrie est une convention, une sorte de cote mal taillée entre notre amour de la simplicité et notre désir de ne pas trop nous écarter de ce que nous apprennent nos instruments. Cette convention définit à la fois l'espace et l'instrument parfait.

Ce que nous avons dit de l'espace s'applique au temps ; je ne veux pas parler ici du temps tel que le conçoivent les disciples de Bergson, de cette durée qui, loin d'être une pure quantité exempte de toute qualité, est pour ainsi dire la qualité même et dont les diverses parties, qui d'ailleurs se pénètrent en partie mutuellement, se distinguent qualitativement les unes des autres. Cette durée ne pouvait être un instrument pour les savants ; elle n'a pu jouer ce rôle qu'en subissant une transformation profonde, qu'en se spatialisant, comme dit Bergson. Il a fallu en effet qu'elle devînt mesurable ; ce qui ne se mesure pas ne peut être objet de science. Or, le temps mesurable est aussi essentiellement relatif. Si tous les phénomènes se ralentissaient, et s'il en était de même de la marche de nos horloges, nous ne nous en apercevrions pas ; et cela quelle que soit la loi de ce ralentissement, pourvu qu'elle soit la même pour toutes les sortes de phénomènes et pour toutes les horloges. Les propriétés du temps ne sont donc que celles des horloges, comme les propriétés de l'espace ne sont que celles des instruments de mesure.

Ce n'est pas tout ; le temps psychologique, la durée bergsonienne, d'où le temps du savant est sorti, sert à classer les phénomènes qui se passent dans une même conscience ; il est impuissant à classer deux phénomènes psychologiques qui ont pour théâtre deux consciences différentes ou *a fortiori* deux phénomènes physiques. Un événement se passe sur la Terre, un autre sur Sirius ; comment saurons-nous si le premier est antérieur au second, ou simultané, ou postérieur ? ce ne pourra être que par une convention.

Mais on peut envisager la relativité du temps et de l'espace à un point de vue tout différent. Considérons les lois auxquelles le monde obéit ; elles peuvent s'exprimer par des équations différentielles ; nous constatons que ces équations ne sont pas altérées, si l'on change les axes rectangulaires de coordonnées, ces axes restant fixes ; ni si l'on change l'origine du temps, ni si l'on remplace les axes rectangulaires fixes par des axes rectangulaires mobiles, mais dont le mouvement est une translation rectiligne et uniforme. Permettez-moi d'appeler la relativité *psychologique* si elle est envisagée au premier point de vue et *physique* si elle l'est au second. Vous voyez tout de suite que la relativité physique est beaucoup plus restreinte que la relativité psychologique. Nous avons dit par exemple que rien ne serait changé, si on multipliait toutes les longueurs par une même constante, pourvu que la multiplication portât à la fois sur tous les objets et tous les instruments ; or, si nous multiplions toutes les coordonnées par une même constante, il est possible que nos équations différentielles soient altérées. Elles le seraient si on rapportait le système à des axes mobiles *tournants* puisqu'il faudrait y introduire la force centrifuge ordinaire et la force centrifuge composée ; c'est ainsi que l'expérience de Foucault a pu mettre en évidence la rotation de la Terre. Il y a là quelque chose qui choque un peu nos idées sur la relativité de l'espace, idées fondées sur la relativité psychologique et ce désaccord a paru embarrassant à bien des philosophes.

Examinons la question d'un peu plus près. Toutes les parties du monde sont solidaires et quelque loin que soit Sirius, il n'est sans doute pas absolument sans action sur ce qui se passe chez nous. Si donc nous voulons écrire les équations différentielles qui régissent le monde, ou bien ces équations seront inexactes, ou bien elles devront dépendre de l'état du monde tout entier. Il n'y aura pas un système d'équations pour le monde terrestre, et un autre pour le monde de Sirius, il y en aura un seul qui s'appliquera à tout l'univers. Or, nous n'observons pas directement les équations différentielles ; ce que nous observons, ce sont les équations finies qui sont la traduction immédiate des phénomènes observables et d'où les équations différentielles se déduisent par différentiation. Les équations différentielles ne sont pas altérées quand on fait un des changements d'axes dont nous avons parlé, mais il n'en est pas de même des équations finies ; le changement d'axes nous obligerait en effet à changer les constantes d'intégration. Le principe de relativité ne s'applique donc pas aux équations finies directement observées, mais aux équations différentielles.

Or, comment peut-on passer des équations finies aux équations différentielles dont elles sont les intégrales ? il faut connaître plusieurs intégrales particulières différant les unes des autres par les valeurs attribuées aux constantes d'intégration, puis éliminer ces constantes par différentiation ; une seule de ces solutions est réalisée dans la nature, bien qu'il y en ait une infinité de possibles ; pour former les équations différentielles, il faudrait connaître non seulement celle qui est réalisée, mais toutes celles qui sont possibles.

Or, si nous n'avons qu'un seul système de lois s'appliquant à tout l'univers, l'observation ne nous donnera qu'une solution unique, celle qui est réalisée ; car l'univers n'est tiré qu'à un seul exemplaire ; et c'est là une première difficulté.

De plus, en vertu de la relativité psychologique de l'espace, nous ne pouvons observer que ce que nos instruments peuvent mesurer ; ils nous donneront par exemple les distances des astres, ou des divers corps que nous avons à considérer ; ils ne nous donneront pas leurs coordonnées par rapport à des axes fixes ou mobiles qui n'ont qu'une existence purement conventionnelle. Si nos équations contiennent ces coordonnées, c'est par une fiction qui peut être commode, mais qui n'est qu'une fiction ; si nous voulons que nos équations traduisent directement ce que nous observons, il faudra que les distances figurent parmi nos variables indépendantes, et alors il arrivera que les autres variables disparaîtront d'elles-mêmes. Ce sera là notre principe de relativité, mais il n'a plus aucun sens ; il signifie seulement que nous avions introduit dans nos équations des variables auxiliaires, parasites, qui ne représentent rien de tangible et qu'il est possible de les éliminer.

Ces difficultés s'évanouiront si on ne tient pas à une rigueur absolue. Les diverses parties du monde sont solidaires, mais pour peu que la distance soit grande, l'action est si faible qu'on est en droit de la négliger ; et alors nos équations vont se répartir en systèmes séparés, l'un s'appliquant au monde terrestre seul, l'autre au monde solaire, l'autre au monde de Sirius, ou même à des mondes beaucoup plus petits tels que la table d'un laboratoire.

Et alors il n'est plus vrai de dire que l'univers n'est tiré qu'à un seul exemplaire ; il peut y avoir beaucoup de tables dans un laboratoire ; il sera possible de recommencer une expérience en en faisant varier les conditions ; on connaîtra non plus une solution unique, la seule qui soit réalisée, mais un grand nombre de solutions possibles et il deviendra facile de passer des équations finies aux équations différentielles.

D'autre part, nous connaîtrons non seulement les distances mutuelles des divers corps d'un de ces petits mondes, mais leurs distances aux corps des petits mondes voisins. Nous pouvons nous arranger pour que les secondes seules varient, les premières restant constantes. Ce sera alors comme si nous avions changé les axes auxquels le premier petit monde était rapporté. Les étoiles sont trop loin pour agir sensiblement sur notre monde terrestre, mais nous les voyons, et grâce à elles nous pouvons rapporter ce monde terrestre à des axes liés à ces étoiles ; nous avons le moyen de mesurer à la fois les distances mutuelles des corps terrestres et les coordonnées de ces corps par rapport à ce système d'axes qui est étranger au monde terrestre. Le principe de relativité prend ainsi un sens : il devient vérifiable.

Observons toutefois que nous n'avons obtenu ce résultat qu'en négligeant certaines actions et que cependant nous ne considérons pas notre principe comme simplement approché ; nous lui attribuons une valeur absolue ; voyant en effet qu'il reste vrai quelque éloignés que soient nos petits mondes les uns des autres, nous convenons de dire qu'il est vrai pour les équations exactes de l'univers ; et cette convention ne sera jamais prise en défaut, puisque, appliqué à l'univers entier, le principe est invérifiable.

Revenons maintenant au cas dont nous avions parlé tout à l'heure ; un système est rapporté tantôt à des axes fixes, tantôt à des axes tournants ; les équations qui le régissent vont-elles changer ? Oui, répond la Mécanique ordinaire ; est-ce exact ? Ce que nous observons ce ne sont pas les coordonnées des corps, ce sont leurs distances mutuelles ;

nous pourrions donc chercher à former les équations auxquelles obéissent ces distances, en éliminant les autres quantités, qui ne sont que des variables parasites et inaccessibles à l'observation. Cette élimination est toujours possible ; seulement, si nous avions conservé les coordonnées, nous serions arrivés à des équations différentielles du 2^d ordre ; celles que nous obtiendrons après avoir éliminé tout ce qui n'est pas observable, seront au contraire du 3e ordre, de sorte qu'elles laisseront place à un plus grand nombre de possibles. À ce compte le principe de relativité s'appliquera encore à ce cas ; quand on passera des axes fixes aux axes tournants, ces équations du 3e ordre ne varieront pas. Ce qui variera, ce seront les équations du 2^d ordre qui définissent les coordonnées ; or, ces dernières sont pour ainsi dire des intégrales des premières, et comme dans toutes les intégrales des équations différentielles, il y figure une constante d'intégration, c'est cette constante qui ne reste pas la même quand on passe des axes fixes aux axes tournants. Mais, comme nous supposons notre système complètement isolé dans l'espace, que nous le regardons comme l'univers entier, nous n'avons aucun moyen de savoir s'il tourne ; ce sont donc bien les équations du 3e ordre qui expriment ce que nous observons.

Au lieu de considérer l'univers entier, envisageons maintenant nos petits mondes séparés sans action mécanique les uns sur les autres, mais visibles les uns pour les autres ; si l'un de ces mondes tourne, nous verrons alors qu'il tourne ; nous reconnaîtrons que la valeur que l'on doit attribuer à la constante dont nous venons de parler dépend de la vitesse de rotation et c'est ainsi que se trouvera justifiée la convention habituellement adoptée par les mécaniciens.

On voit donc quel est le sens du principe de relativité physique ; il n'est plus une simple convention ; il est vérifiable et par conséquent il pourrait n'être pas vérifié ; c'est une vérité expérimentale, et quel est le sens de cette vérité ? Il est aisé de le déduire des considérations qui précèdent ; il signifie que l'action mutuelle de deux corps tend vers zéro quand ces deux corps s'éloignent indéfiniment l'un de l'autre ; il signifie que deux mondes éloignés se comportent comme s'ils étaient indépendants ; et on conçoit mieux pourquoi le principe de relativité physique a moins d'extension que le principe de relativité psychologique ; ce n'est plus une nécessité due à la nature même de notre esprit ; c'est une vérité expérimentale à laquelle l'expérience impose des limites.

Ce principe de relativité physique peut servir à définir l'espace ; il nous fournit pour ainsi dire un nouvel instrument de mesure. Je m'explique : comment le corps solide pouvait-il nous servir à mesurer, ou plutôt à construire l'espace ? En transportant un corps solide d'une position dans une autre, nous reconnaissions qu'on peut l'appliquer d'abord sur une figure et ensuite sur une autre et nous convenions de considérer ces deux figures comme égales. De cette convention naissait la géométrie. À chaque déplacement possible du corps solide correspondait ainsi une transformation de l'espace en lui-même, n'altérant pas les formes et les grandeurs des figures ; et la géométrie n'est que la connaissance des relations mutuelles de ces transformations, ou pour parler le langage mathématique, l'étude de la structure du groupe formé par ces transformations, c'est-à-dire du groupe des mouvements des corps solides.

Cela posé, voici un autre groupe, celui des transformations qui n'altèrent pas nos équations différentielles, voici une autre façon de définir l'égalité de deux figures ; nous ne dirons plus : deux figures sont égales quand un même corps solide peut s'appliquer sur l'une et sur l'autre ; nous dirons : deux figures sont égales quand un même système mécanique, assez éloigné des systèmes voisins pour pouvoir être regardé comme isolé, placé d'abord de façon que ses différents points matériels reproduisent la première figure, et ensuite de façon qu'ils reproduisent la seconde, se comportent ensuite de la même manière.

Les deux conceptions diffèrent-elles essentiellement l'une de l'autre ? Non ; un corps solide prend sa forme sous l'influence des attractions et répulsions mutuelles de ses différentes molécules ; et ce système de forces doit être en équilibre. Définir l'espace de façon qu'un corps solide conserve sa forme quand on le déplace, c'est le définir de façon que les équations d'équilibre de ce corps ne soient pas altérées par un changement d'axes ; or, ces équations d'équilibre ne sont qu'un cas particulier des équations générales de la Dynamique, lesquelles, d'après le principe de relativité physique, ne doivent pas être modifiées par ce changement d'axes.

Un corps solide est un système mécanique comme un autre ; la seule différence entre notre ancienne définition de l'espace et la nouvelle, c'est que celle-ci est plus large, en ce sens qu'elle permet de remplacer le corps solide par tout autre système mécanique. De plus la convention nouvelle ne définit pas seulement l'espace, elle définit le temps. Elle nous apprend ce que c'est que deux instants simultanés, ce que c'est que deux temps égaux ou qu'un temps double d'un autre.

Une dernière remarque : le principe de relativité physique, nous l'avons dit, est un fait expérimental, au même titre que les propriétés des solides naturels ; comme tel, il est susceptible d'une incessante revision ; et la géométrie doit échapper à cette revision ; pour cela il faut qu'elle redevienne une convention, que le principe de relativité soit regardé comme une convention ; nous avons dit quel est son sens expérimental, il signifie que l'action mutuelle de deux systèmes très éloignés tend vers zéro quand leur distance augmente indéfiniment ; l'expérience nous apprend que cela est à peu près vrai ; elle ne peut nous apprendre que cela est tout à fait vrai, puisque la distance des deux systèmes demeurera toujours finie. Mais rien ne nous empêche de supposer que cela est tout à fait vrai ; rien ne nous en empêcherait même si l'expérience donnait au principe un apparent démenti ; supposons que l'action mutuelle, après avoir diminué quand nous faisons croître la distance, se mette ensuite à croître ; rien ne nous empêcherait d'admettre que pour une distance plus grande encore, elle décroîtrait de nouveau pour tendre finalement vers zéro. Seulement alors le principe se présente à nous comme une convention, ce qui le soustrait aux atteintes de l'expérience. C'est une convention qui nous est suggérée par l'expérience, mais que nous adoptons librement.

Quelle est alors la révolution qui est due aux récents progrès de la Physique ? Le principe de relativité, sous sa forme ancienne, a dû être abandonné, il est remplacé par le principe de relativité de Lorentz. Ce sont les transformations du « groupe de Lorentz » qui n'altèrent pas les équations différentielles de la Dynamique. Si nous supposons que le système est rapporté non plus à des axes fixes, mais à des axes animés d'un mouvement de translation, il faut admettre que tous les corps se déforment, qu'une sphère, par exemple, se transforme en un ellipsoïde dont le petit axe est parallèle à la translation des axes ; il faut que le temps lui-même soit profondément modifié ; voilà deux observateurs, le premier lié aux axes fixes, le second aux axes mobiles, mais se croyant l'un et l'autre en repos. Non seulement telle figure, que le premier regarde comme une sphère, apparaîtra au second comme un ellipsoïde ; mais deux événements que le premier regardera comme simultanés ne le seront plus pour le second.

Tout se passe comme si le temps était une quatrième dimension de l'espace ; et comme si l'espace à quatre dimensions résultant de la combinaison de l'espace ordinaire et du temps pouvait tourner non seulement autour d'un axe de l'espace ordinaire, de façon que le temps ne soit pas altéré, mais autour d'un axe quelconque. Pour que la comparaison soit mathématiquement juste, il faudrait attribuer des valeurs purement imaginaires à cette quatrième coordonnée de l'espace ; les quatre coordonnées d'un point de notre nouvel espace ne seraient pas x, y, z et t, mais x, y, z, et $t\sqrt{-1}$. Mais je n'insiste pas sur ce point ; l'essentiel est de remarquer que dans la nouvelle conception l'espace et le temps ne sont plus deux entités entièrement distinctes et que l'on puisse envisager séparément, mais deux parties d'un même tout et deux parties qui sont comme étroitement enlacées de façon qu'on ne puisse plus les séparer facilement.

Autre remarque : j'ai cherché autrefois à définir le rapport de deux événements survenus dans deux théâtres différents en disant que l'un sera regardé comme antérieur à l'autre s'il peut être considéré comme la cause de l'autre. Cette définition devient insuffisante ; dans cette Mécanique Nouvelle, il n'y a pas d'effet qui se transmette instantanément ; la vitesse de transmission maximum est celle de la Lumière ; dans ces conditions il peut arriver que l'événement A ne puisse être (en vertu de la seule considération de l'espace et du temps) ni l'effet ni la cause de l'événement B, si la distance des lieux où ils se produisent est telle que la Lumière ne puisse se transporter en temps utile ni du lieu de B au lieu de A, ni du lieu de A au lieu de B.

Quelle va être notre position en face de ces nouvelles conceptions ? Allons-nous être forcés de modifier nos conclusions ? Non certes : nous avions adopté une convention parce qu'elle nous semblait commode, et nous disions que rien ne pourrait nous contraindre à l'abandonner. Aujourd'hui certains physiciens veulent adopter une convention nouvelle. Ce n'est pas qu'ils y soient contraints ; ils jugent cette convention nouvelle plus commode, voilà tout ; et ceux qui ne sont pas de cet avis peuvent légitimement conserver l'ancienne pour ne pas troubler leurs vieilles habitudes. Je crois,

entre nous, que c'est ce qu'ils feront encore longtemps.

CHAPITRE III

POURQUOI L'ESPACE À TROIS DIMENSIONS

§ 1. — L'ANALYSIS SITUS ET LE CONTINU

Les géomètres distinguent d'ordinaire deux sortes de géométries, qu'ils qualifient la première de métrique et la seconde de projective ; la géométrie métrique est fondée sur la notion de distance ; deux figures y sont regardées comme équivalentes, lorsqu'elles sont « égales » au sens que les mathématiciens donnent à ce mot ; la géométrie projective est fondée sur la notion de ligne droite. Pour que deux figures y soient considérées comme équivalentes, il n'est pas nécessaire qu'elles soient égales, il suffit qu'on puisse passer de l'une à l'autre par une transformation projective, c'est-à-dire que l'une soit la perspective de l'autre. On a souvent appelé ce second corps de doctrine, la géométrie qualitative ; elle l'est en effet si on l'oppose à la première, il est clair que la mesure, que la quantité y jouent un rôle moins important. Elle ne l'est pas entièrement cependant. Le fait pour une ligne d'être droite n'est pas purement qualitatif ; on ne pourrait s'assurer qu'une ligne est droite sans faire des mesures, ou sans faire glisser sur cette ligne un instrument appelé règle qui est une sorte d'instrument de mesure.

Mais il est une troisième géométrie d'où la quantité est complètement bannie et qui est purement qualitative ; c'est l'*Analysis Situs*. Dans cette discipline, deux figures sont équivalentes toutes les fois qu'on peut passer de l'une à l'autre par une déformation continue, quelle que soit d'ailleurs la loi de cette déformation pourvu qu'elle respecte la continuité. Ainsi un cercle est équivalent à une ellipse ou même à une courbe fermée quelconque, mais elle n'est pas équivalente à un segment de droite parce que ce segment n'est pas fermé ; une sphère est équivalente à une surface convexe quelconque ; elle ne l'est pas à un tore parce que dans un tore il y a un trou et que dans une sphère il n'y en a pas. Supposons un modèle quelconque et la copie de ce même modèle exécutée par un dessinateur maladroit ; les proportions sont altérées, les droites tracées d'une main tremblante ont subi de fâcheuses déviations et présentent des courbures malencontreuses. Du point de vue de la géométrie métrique, de celui même de la géométrie projective, les deux figures ne sont pas équivalentes ; elles le sont au contraire du point de vue de l'Analysis Situs.

L'Analysis Situs est une science très importante pour le géomètre ; elle donne lieu à une série de théorèmes, aussi bien enchaînés que ceux d'Euclide ; et c'est sur cet ensemble de propositions que Riemann a construit une des théories les plus remarquables et les plus abstraites de l'analyse pure. Je citerai deux de ces théorèmes pour en faire comprendre la nature : deux courbes fermées planes se coupent en un nombre pair de points ; si un polyèdre est convexe, c'est-à-dire si on ne peut tracer une courbe fermée sur sa surface sans la couper en deux, le nombre des arêtes est égal à celui des sommets, plus celui des faces, moins deux ; et cela reste vrai quand les faces et les arêtes de ce polyèdre sont courbes.

Et voici ce qui fait pour nous l'intérêt de cette Analysis Situs ; c'est que c'est là qu'intervient vraiment l'intuition géométrique. Quand, dans un théorème de géométrie métrique, on fait appel à cette intuition, c'est parce qu'il est impossible d'étudier les propriétés métriques d'une figure en faisant abstraction de ses propriétés qualitatives, c'est-à-dire de celles qui sont l'objet propre de l'Analysis Situs. On a dit souvent que la géométrie est l'art de bien raisonner sur des figures mal faites. Ce n'est pas là une boutade, c'est une vérité qui mérite qu'on y réfléchisse. Mais qu'est-ce qu'une figure mal faite ? c'est celle que peut exécuter le dessinateur maladroit dont nous parlions tout à l'heure ; il altère les proportions plus ou moins grossièrement ; ses lignes droites ont des zigzags inquiétants ; ses cercles présentent des bosses disgracieuses ; tout cela ne fait rien, cela ne troublera nullement le géomètre, cela ne l'empêchera pas de bien raisonner.

Mais il ne faut pas que l'artiste inexpérimenté représente une courbe fermée par une courbe ouverte, trois lignes qui se coupent en un même point par trois lignes qui n'aient aucun point commun, une surface trouée par une surface sans trou. Alors on ne pourrait plus se servir de sa figure et le raisonnement deviendrait impossible. L'intuition n'aurait pas été gênée par les défauts de dessin qui n'intéressaient que la géométrie métrique ou projective ; elle deviendra impossible dès que ces défauts se rapporteront à l'Analysis Situs.

Cette observation très simple nous montre le véritable rôle de l'intuition géométrique ; c'est pour favoriser cette intuition que le géomètre a besoin de dessiner des figures, ou tout au moins de se les représenter mentalement. Or, s'il fait bon marché des propriétés métriques ou projectives de ces figures, s'il s'attache seulement à leurs propriétés purement qualitatives, c'est que c'est là seulement que l'intuition géométrique intervient véritablement. Non que je veuille dire que la géométrie métrique repose sur la logique pure, qu'il n'y intervienne aucune vérité intuitive ; mais ce sont des intuitions d'une autre nature, analogues à celles qui jouent le rôle essentiel en arithmétique et en algèbre.

La proposition fondamentale de l'Analysis Situs, c'est que l'espace est un continu à trois dimensions. Quelle est l'origine de cette proposition, c'est ce que j'ai examiné ailleurs, mais d'une façon très succincte et il ne me semble pas inutile d'y revenir avec quelques détails afin d'éclaircir certains points.

L'espace est relatif ; je veux dire par là, non seulement que nous pourrions être transportés dans une autre région de l'espace sans nous en apercevoir (et c'est effectivement ce qui arrive puisque nous ne nous apercevons pas de la translation de la Terre), non seulement que toutes les dimensions des objets pourraient être augmentées dans une même proportion, sans que nous puissions le savoir, pourvu que nos instruments de mesure participent à cet agrandissement ; mais je veux dire encore que l'espace pourrait être déformé suivant une loi arbitraire pourvu que nos instruments de mesure soient déformés précisément d'après la même loi.

Cette déformation pourrait être quelconque, elle devrait cependant être continue, c'est-à-dire être de celles qui transforment une figure en une autre figure équivalente au point de vue de l'Analysis Situs. L'espace, considéré indépendamment de nos instruments de mesure, n'a donc ni propriété métrique, ni propriété projective ; il n'a que des propriétés topologiques (c'est-à-dire de celles qu'étudie l'Analysis Situs). Il est *amorphe*, c'est-à-dire qu'il ne diffère pas de celui qu'on en déduirait par une déformation continue quelconque. Je m'explique en employant le langage mathématique. Voici deux espaces E et E' ; le point M de E correspond au point M' de E' ; le point M a pour coordonnées rectangulaires x, y et z ; le point M' a pour coordonnées rectangulaires trois fonctions continues quelconques de x, d'y et de z. Ces deux espaces ne diffèrent pas au point de vue qui nous occupe.

Comment l'intervention de nos instruments de mesure, et en particulier des corps solides donne à l'esprit l'occasion de déterminer et d'organiser plus complètement cet espace amorphe ; comment elle permet à la géométrie projective d'y tracer un réseau de lignes droites, à la géométrie métrique de mesurer les distances de ces points ; quel rôle essentiel joue dans ce processus la notion fondamentale de groupe, c'est ce que j'ai expliqué longuement ailleurs. Je regarde tous ces points comme acquis et je n'ai pas à y revenir.

Notre seul objet ici est l'espace amorphe qu'étudie l'Analysis Situs, le seul espace qui soit indépendant de nos instruments de mesure, et sa propriété fondamentale, j'allais dire sa seule propriété, c'est d'être un continu à trois dimensions.

§ 2. — LE CONTINU ET LES COUPURES

Mais qu'est-ce qu'un continu à n dimensions ; en quoi diffère-t-il d'un continu dont le nombre des dimensions est plus grand ou plus petit ? Rappelons d'abord quelques résultats obtenus récemment par les élèves de Cantor. Il est possible de faire correspondre un à un les points d'une droite à ceux d'un plan, ou, plus généralement, ceux d'un continu à n dimensions à ceux d'un continu à p dimensions. Ceci est possible, pourvu qu'on ne s'astreigne pas à la condition qu'à deux points infiniment voisins de la droite correspondent deux points infiniment voisins du plan, c'est-à-dire à la condition de continuité.

On peut donc *déformer* le plan de façon à obtenir une droite, pourvu que cette déformation ne soit pas continue. Cela serait impossible au contraire avec une déformation continue. Ainsi la question du nombre des dimensions est intimement liée à la notion de continuité et elle n'aurait aucun sens pour celui qui voudrait faire abstraction de cette notion.

Pour définir le continu à n dimensions, nous avons d'abord la définition analytique ; un continu à n dimensions est un ensemble de n coordonnées, c'est-à-dire un ensemble de n quantités susceptibles de varier *indépendamment* l'une de l'autre et de prendre toutes les valeurs réelles satisfaisant à certaines inégalités. Cette définition, irréprochable au point de vue mathématique, ne saurait pourtant nous satisfaire entièrement. Dans un continu les diverses coordonnées ne sont pas pour ainsi dire juxtaposées les unes aux autres, elles sont liées entre elles de façon à former les divers aspects d'un tout. À chaque instant en étudiant l'espace, nous faisons ce qu'on appelle un changement de coordonnées, par exemple nous faisons un changement d'axes rectangulaires ; ou bien nous passons aux coordonnées curvilignes. En étudiant un autre continu, nous faisons aussi des changements de coordonnées, c'est-à-dire que nous remplaçons nos n coordonnées par n fonctions continues quelconques de ces n coordonnées. Pour nous qui tirons la notion du continu à n dimensions, non de la définition analytique précitée, mais de je ne sais quelle source plus profonde, cette opération est toute naturelle ; nous sentons qu'elle n'altère pas ce qu'il y a d'essentiel dans le continu. Pour ceux, au contraire, qui ne connaîtraient le continu que par la définition analytique, l'opération serait licite sans doute, mais baroque et mal justifiée.

Enfin cette définition fait bon marché de l'origine intuitive de la notion de continu, et de toutes les richesses que recèle cette notion. Elle rentre dans le type de ces définitions qui sont devenues si fréquentes dans la Mathématique, depuis qu'on tend à « arithmétiser » cette science. Ces définitions, irréprochables, nous l'avons dit, au point de vue mathématique, ne sauraient satisfaire le philosophe. Elles remplacent l'objet à définir et la notion intuitive de cet objet par une construction faite avec des matériaux plus simples ; on voit bien alors qu'on peut effectivement faire cette construction avec ces matériaux, mais on voit en même temps qu'on pourrait en faire tout aussi bien beaucoup d'autres ; ce qu'elle ne laisse pas voir c'est la raison profonde pour laquelle on a assemblé ces matériaux de cette façon et non pas d'une autre. Je ne veux pas dire que cette « arithmétisation » des mathématiques soit une mauvaise chose, je dis qu'elle n'est pas tout.

Je fonderai la détermination du nombre des dimensions sur la notion de coupure. Envisageons d'abord une courbe fermée, c'est-à-dire un continu à *une* dimension ; si, sur cette courbe nous marquons deux points quelconques par lesquels nous nous interdirons de passer, la courbe se trouvera découpée en deux parties, et il deviendra impossible de passer de l'une à l'autre en restant sur la courbe et sans passer par les points interdits. Soit au contraire une surface fermée, constituant un continu à *deux* dimensions ; nous pourrons marquer sur cette surface, un, deux, un nombre quelconque de points interdits ; la surface ne sera pas pour cela décomposée en deux parties, il restera possible d'aller d'un point à l'autre de cette surface sans rencontrer d'obstacle, parce qu'on pourra toujours *tourner* autour des points interdits.

Mais si nous traçons sur la surface une ou plusieurs courbes fermées et si nous les considérons comme des *coupures* que nous nous interdirons de franchir, la surface pourra se trouver découpée en plusieurs parties.

Venons maintenant au cas de l'espace ; on ne peut le décomposer en plusieurs parties, ni en interdisant de passer par certains points, ni en interdisant de franchir certaines lignes ; on pourrait toujours tourner ces obstacles. Il faudra interdire de franchir certaines surfaces, c'est-à-dire certaines coupures à deux dimensions ; et c'est pour cela que nous disons que l'espace a trois dimensions.

Nous savons maintenant ce que c'est qu'un continu à n dimensions. Un continu a n dimensions quand on peut le décomposer en plusieurs parties en y pratiquant une ou plusieurs coupures qui soient elles-mêmes des continus à $n-1$ dimensions. Le continu à n dimensions se trouve ainsi défini par le continu à $n-1$ dimensions ; c'est une définition par récurrence.

Ce qui me donne confiance dans cette définition, ce qui me montre que c'est bien ainsi que les choses se présentent naturellement à l'esprit, c'est d'abord que beaucoup d'auteurs de traités, élémentaires, qui n'y entendaient pas malice, ont fait au début de leurs ouvrages quelque chose d'analogue. Ils définissent les volumes comme des portions de l'espace, les surfaces comme les frontières des volumes, les lignes comme celles des surfaces, les points comme celles des lignes ; après quoi ils s'arrêtent et l'analogie est évidente. C'est ensuite que dans les autres parties de Analysis Situs, nous retrouvons le rôle important de la coupure ; c'est sur la coupure que, tout repose. Qu'est-ce qui, d'après Riemann, distingue, par exemple, le tore de la sphère ? c'est qu'on ne peut pas tracer sur une sphère une courbe fermée sans couper cette surface en deux ; tandis qu'il y a des courbes fermées qui ne coupent pas le tore en deux, et qu'il faut y pratiquer deux coupures fermées n'ayant aucun point commun pour être sûr de l'avoir divisé.

Il reste encore un point à traiter. Les continus dont nous venons de parler sont des continus mathématiques, chacun de leurs points est un individu absolument distinct des autres et, d'ailleurs, absolument indivisible. Les continus que nous révèlent directement nos sens, et que j'ai appelés continus physiques, sont tout différents. La loi de ces continus est la loi de Fechner, que je dépouillerai du pompeux appareil mathématique qui l'entoure d'ordinaire pour la réduire au simple énoncé des données expérimentales sur lesquelles elle repose. On sait distinguer au jugé un poids de 10 grammes d'un poids de 12 grammes ; on ne pourrait distinguer un poids de 11 grammes, ni de celui de 10 grammes, ni de celui de 12 grammes. Plus généralement il peut y avoir deux ensembles de sensations que nous distinguons l'un de l'autre, sans que nous puissions distinguer ni l'un, ni l'autre d'un même troisième. Cela posé, nous pouvons imaginer une chaîne continue d'ensembles de sensations de telle sorte que chacun d'eux ne se distingue pas du suivant, bien que les deux extrémités de la chaîne se discernent aisément ; ce sera là un continu physique à une dimension. Nous pouvons également imaginer des continus physiques plus complexes. Les *éléments* de ces continus physiques seront encore des ensembles de sensations (mais je préfère employer le mot élément qui est plus simple). Quand dirons-nous alors qu'un système S de semblables éléments est un continu physique ? C'est quand on peut considérer deux quelconques de ses éléments comme les extrémités d'une chaîne continue analogue à celle dont je viens de parler et dont tous les éléments appartiennent à S. C'est ainsi qu'une surface est continue, si on peut joindre deux quelconques de ses points par une ligne continue qui ne sorte pas de la surface.

Pouvons-nous étendre la notion de coupure aux continus physiques et déterminer par là le nombre de leurs dimensions ? Évidemment oui. Supposons que l'on s'interdise certains éléments de S, et tous ceux qu'on n'en peut discerner. Ces éléments interdits pourront d'ailleurs être en nombre fini, ou former par leur réunion un ou plusieurs continus. L'ensemble de ces éléments interdits constituera une *coupure* ; et il pourra se faire qu'après avoir pratiqué cette coupure, on ait partagé le continu S en plusieurs autres, de façon qu'il ne soit plus possible de passer d'un élément quelconque de S à un autre élément quelconque par une chaîne continue, aucun élément de cette chaîne n'étant indiscernable d'aucun élément de la coupure.

Alors un continu physique que l'on peut découper ainsi en s'interdisant un nombre fini d'éléments aura *une* dimension ; un continu physique aura n dimensions, si on peut le découper en y pratiquant des coupures qui soient elles-mêmes des continus physiques à $n-1$ dimensions.

§ 3. — L'ESPACE ET LES SENS

La question semble résolue ; nous n'avons, semble-t-il, qu'à appliquer cette règle, soit au continu physique qui est l'image grossière de l'espace, soit au continu mathématique correspondant qui en est l'image épurée et qui est l'espace du géomètre. C'est là une illusion ; cela irait bien si le continu physique d'où nous tirons l'espace nous était directement donné par les sens, mais il est loin d'en être ainsi.

Voyons, en effet, comment on peut, de la masse de nos sensations, déduire un continu physique. Chaque élément d'un continu physique est un ensemble de sensations ; et le plus simple est de considérer d'abord un ensemble de sensations simultanées, un état de conscience. Mais chacun de nos états de conscience est quelque chose d'excessivement complexe, si bien qu'on ne peut espérer voir jamais deux états de conscience devenir indiscernables et cependant pour construire un continu physique, il est essentiel, d'après ce qui précède, que deux de ses éléments puissent, dans certains cas, être regardés comme indiscernables. Or, il n'arrivera jamais que nous puissions dire : je ne puis discerner mon état d'âme actuel de mon état d'âme d'avant-hier à pareille heure.

Il faut donc que, par une opération active de l'esprit, nous convenions de considérer comme identiques deux états de conscience en faisant *abstraction* de leurs différences. Nous pourrons, par exemple, et c'est le plus simple, faire abstraction des données de certains sens. J'ai dit que je ne pouvais distinguer un poids de 10 grammes d'un poids de 11 grammes ; il est probable pourtant que si j'ai jamais fait l'expérience, la sensation de pression causée par le poids de 10 grammes était accompagnée de sensations olfactives ou auditives diverses, et que quand le poids de 10 grammes a été remplacé par celui de 11, ces sensations diverses avaient varié ; c'est parce que je fais abstraction de ces sensations étrangères, que je puis dire que les deux états de conscience étaient indiscernables.

On peut faire d'autres conventions plus compliquées ; on peut aussi envisager comme éléments de notre continu, non seulement des ensembles de sensations simultanées, mais des ensembles de sensations successives, des *suites* de sensations. Il faudra ensuite faire la convention fondamentale et dire quels sont les caractères communs que doivent posséder deux éléments du continu (qu'ils soient deux ensembles de sensations simultanées ou successives), pour qu'on doive les regarder comme identiques.

Ainsi, pour la définition d'un continu physique, il faut faire un double choix : 1° choisir les ensembles de sensations simultanées ou successives qui doivent servir d'éléments à ce continu ; 2° choisir la convention fondamentale qui définira les cas où deux éléments doivent être regardés comme identiques.

Comment faut-il faire ce double choix pour obtenir l'espace ? Pouvons-nous nous contenter d'envisager un ensemble de sensations simultanées ou bien faut-il envisager une suite de sensations ? Pouvons-nous, en particulier, nous contenter de la convention fondamentale la plus simple, la plus naturelle, qui consisterait à faire abstraction des données de certains sens ? Non.

Une semblable abstraction est impossible, nous ne pouvons pas choisir parmi nos sens ceux qui nous donneront tout l'espace et ne nous donneront que cela ; il n'en est pas un qui puisse nous donner l'espace sans le secours des autres ; il n'en est pas un non plus qui ne nous donne une foule de choses qui n'ont rien à faire avec l'espace.

Si nous analysons, par exemple, les données du toucher proprement dit, voici ce que nous apercevons ; l'expérience nous montre que si l'on touche la peau avec deux pointes, la conscience distingue ces deux pointes si elles sont suffisamment éloignées l'une de l'autre et cesse de les distinguer si elles sont très rapprochées ; la distance minimum qui permet de les discerner varie d'ailleurs suivant les régions du corps ; on dit d'ordinaire que la peau est divisée en départements, dont chacun est le domaine d'un même nerf sensitif ; que si les deux pointes tombent dans un même département, un seul nerf est ébranlé et nous ne percevons qu'une pointe ; mais que nous en percevons deux au contraire si elles tombent dans deux départements et affectent, par conséquent, deux nerfs. Cela n'est pas entièrement satisfaisant ; nous ne retrouverions pas ainsi les caractères du continu physique ; supposons que l'on déplace les deux pointes, leur distance, d'ailleurs très petite, étant maintenue constante. Cette distance étant très petite, nous aurons des chances pour qu'elles tombent dans le même département et pour n'avoir qu'une perception unique ; mais si nous les déplaçons petit à petit sans changer leur distance, il devra arriver un moment où l'une d'elles se trouvera hors du département et où l'autre n'en sera pas encore sortie. À ce moment on devrait sentir deux pointes ; or ce n'est pas ce que l'on observe ; nous n'obtiendrions pas ainsi la notion d'un continu physique, mais celle d'un ensemble discret formé d'autant d'individus distincts qu'il y aurait de départements. Il vaut mieux admettre que le contact d'une pointe affecte, non seulement le nerf le plus rapproché, mais aussi les nerfs voisins, et cela avec une intensité qui décroît quand la distance augmente. Supposons alors que l'on compare les effets du contact de deux pointes ; si la distance des deux pointes est faible, les mêmes nerfs sont affectés ; l'intensité de l'excitation d'un même nerf par l'une et par l'autre pointe sera sans doute différente, mais cette différence sera trop faible pour être discernée, d'après la règle générale de Fechner. Si un nerf est affecté par la pointe A, sans l'être par la pointe B, il ne le sera que très peu par la pointe A et l'excitation sera au-dessous du « seuil de la conscience ». Les effets des deux pointes seront donc indiscernables.

Nous avons là alors tout ce qu'il faut pour construire un continu physique, nous n'avons qu'à promener deux pointes sur la surface de la peau et à noter les cas où notre conscience les distingue. Nous avons fait abstraction (et c'est là ce que j'appelais plus haut notre convention fondamentale) d'une foule de circonstances, de l'intensité de l'ébranlement de chaque filet sensitif ; de la pression plus ou moins grande exercée sur la peau par la pointe, de la nature du contact ; toutes ces circonstances nous sont révélées par le toucher, mais nous les avons éliminées pour ne conserver que celles dont le caractère est géométrique. Avons-nous ainsi l'espace ? Non ; d'abord le continu ainsi construit n'a que deux dimensions, comme la surface de la peau elle-même ; ensuite nous savons bien que notre peau est mobile, qu'un même point de la peau ne correspond pas toujours à un même point de l'espace ; que la distance de deux points de notre peau varie quand notre corps se déforme. C'est sans doute ainsi que les mollusques conçoivent l'espace, mais cela n'a aucun rapport avec le nôtre.

Pour la vue, c'est la même chose ; deux faisceaux de lumière frappant deux points de la rétine, nous donneront l'impression de deux taches lumineuses ou d'une seule, selon que ces deux points seront plus ou moins distants. Nous avons l'équivalent de nos deux pointes de tout à l'heure; nous pouvons nous en servir pour construire un continu physique en faisant abstraction de la couleur et de l'intensité de la lumière ; ce continu physique aura deux dimensions comme la surface de la rétine. On introduira la troisième dimension en faisant intervenir la convergence des yeux dans la vision binoculaire, et voilà ce que l'on a appelé l'espace visuel. Il est supérieur à l'espace tactile, d'abord parce qu'avec un peu de bonne volonté, on peut lui donner trois dimensions, et ensuite parce que la rétine est mobile sans doute, mais à la façon d'un corps solide, tandis que la peau peut se plier dans tous les sens. On est alors tenté de dire que c'est là le vrai espace où nous cherchons à localiser toutes nos autres sensations. Cela ne va pas encore ; non seulement l'œil est mobile, de sorte que, à un même point de la rétine, à un même degré de convergence des yeux, ne correspond pas toujours un même point de l'espace ; mais on n'explique pas pourquoi on a introduit une troisième dimension, si manifestement hétérogène aux deux autres, ni pourquoi la géométrie des aveugles est la même que la nôtre.

Si l'on vent combiner l'espace visuel avec l'espace tactile, on va avoir 5 dimensions, au lieu de 3 ou de 2 ; et il restera à expliquer par quel processus ces 5 dimensions se réduisent à 3 ; et le nombre des dimensions sera encore accru si l'on veut faire entrer d'autres sens dans la combinaison.

Il reste à expliquer en un mot pourquoi l'espace tactile et l'espace visuel sont un seul et même espace.

§ 4. — L'ESPACE ET LES MOUVEMENTS

Il semble donc qu'on ne puisse construire l'espace en envisageant des ensembles de sensations simultanées, qu'il faut considérer des suites de sensations. Il faut toujours en revenir à ce que j'ai dit autrefois. Pourquoi certains changements nous apparaissent-ils comme des changements de position et d'autres comme des changements d'état sans caractère géométrique ? Pour cela nous devons distinguer d'abord les changements externes qui sont involontaires et ne sont pas accompagnés de sensations musculaires et les changements internes qui sont les mouvements de notre corps et que nous distinguons des autres parce qu'ils sont volontaires et accompagnés de sensations musculaires. Un changement externe peut être *corrigé* par un chargement interne, par exemple quand nous suivons de l'œil un objet mobile de façon à ramener toujours son image en un même point de la rétine. Un changement externe susceptible d'une semblable correction est un changement de position ; s'il n'en est pas susceptible, il est un changement d'état.

Deux changements externes, qui au point de vue qualitatif sont tout à fait différents, sont regardés comme correspondant à un même changement de position s'ils peuvent être corrigés par un même changement interne. De même deux changements internes peuvent être constitués par des suites de sensations musculaires qui n'ont rien de commun et pourtant correspondre à un *même* changement de position, s'ils peuvent corriger un même changement externe. C'est ce que nous exprimons dans le langage ordinaire en disant qu'il y a plusieurs chemins pour aller d'un point à un autre.

Ce qui importe alors, ce sont les mouvements qu'il faut faire pour atteindre un objet déterminé, la conscience de ces mouvements n'étant pas autre chose pour nous que l'ensemble des sensations musculaires qui les accompagnent.

Cela posé, un certain objet se trouve au contact d'un de mes doigts, par exemple de l'index de la main droite; j'éprouve de ce fait une sensation tactile T ; je reçois en même temps de cet objet les sensations visuelles V ; l'objet s'éloigne, la sensation T s'évanouit, les sensations V sont remplacées par les sensations visuelles nouvelles V' ; c'est là un changement externe. Je veux corriger en partie ce changement externe en rétablissant la sensation T, c'est-à-dire ramener mon index au contact de l'objet. Pour cela je dois exécuter certains mouvements qui se traduisent pour moi par une certaine suite de sensations musculaires S ; cela je le sais, parce que de nombreuses expériences faites, soit par moi-même, soit par mes ancêtres, m'ont appris que quand la sensation T disparaissait, et que les sensations visuelles passaient de V à V', on pouvait rétablir la sensation T par les mouvements correspondant à la suite S. Je sais également que j'aurais pu obtenir le même résultat par d'autres mouvements se traduisant pour moi, non plus par la suite S, mais par une autre suite S' ou S'''.

Toutes ces suites de sensations musculaires S, S', S'',... n'ont peut-être aucun élément commun, je les rapproche parce que je sais que les unes et les autres me permettent de rétablir la sensation T toutes les fois que les sensations V sont devenues V'. Dans notre langage habituel, à nous qui savons déjà la géométrie, nous dirons que les diverses suites de mouvements qui correspondent aux suites de sensations musculaires S, S', S'', ont ceci de commun que, dans les unes comme dans les autres, la position initiale, ainsi que la position finale de mon index reste la même. Tout le reste peut différer.

Je suis ainsi conduit à ne pas distinguer ces diverses suites S, S', S'' ..., à les regarder comme un individu unique. Je n'en distinguerai pas non plus les suites de sensations musculaires qui en diffèrent trop peu. J'aurai alors de quoi construire un continu physique et j'ai, en effet, choisi les éléments de ce continu qui sont des suites de sensations musculaires et je possède la « convention fondamentale » qui m'apprend dans quels cas deux de ces éléments doivent être regardés comme identiques et *c'est ce continu qui a trois dimensions.*

Mais ce n'est pas tout, nous venons de définir un continu qui est un véritable espace ; c'est l'espace considéré comme décrit par un de mes doigts ; mais j'ai plusieurs doigts (et au point de vue qui m'occupe, tous les points de ma peau pourraient me servir de doigts). Mes différents doigts vont-ils décrire le même espace ? Oui, sans doute, mais qu'est-ce que cela veut dire ? Cela implique un ensemble de propriétés qu'il ne serait pas aisé d'énoncer dans le langage ordinaire, mais que je puis tenter d'expliquer si on veut bien me permettre d'employer certains symboles. Je considère deux doigts que j'appellerai α et β ; le doigt α sera, par exemple, l'index de la main droite dont nous nous sommes servis, pour définir les suites S, S', S'', ..., nous écrirons alors :

$$S \equiv S' \pmod{\alpha}$$

et cela voudra dire que si les mouvements correspondant à S rétablissent la sensation tactile éprouvée par le doigt α, il en sera de même des mouvements correspondant à S' et inversement. J'écrirai de même

$$S_1 \equiv S_1' \pmod{\beta}$$

pour exprimer que si les mouvements correspondant à S_1 rétablissent la sensation tactile éprouvée par le doigt β, il en sera de même des mouvements correspondant à S_1'.

Cela posé, je suppose qu'il existe deux suites particulières de sensations musculaires s et s_1 qui seront définies de la façon suivante : je suppose que le doigt β éprouve une sensation tactile due au contact d'un objet ; faisons les mouvements correspondant à s, cette sensation disparaîtra, mais, finalement, ce sera le doigt α qui éprouvera une sensation de contact ; Je sais par expérience que cela arrivera toutes les fois qu'avant ces mouvements, le doigt β sentait un contact ; ou du moins presque toutes les fois (je dis *presque*, parce que cela exige pour réussir que l'objet n'ait pas bougé dans l'intervalle) dans notre langage ordinaire (qui serait plus clair pour nous, mais que je n'ose pas employer puisque je parle d'êtres qui ne savent pas encore la géométrie), nous dirions que les mouvements correspondant à s ont amené le doigt α à la place primitivement occupée par le doigt β. Pour s_1, ce sera le contraire, les mouvements correspondants amènent le doigt β à la place primitivement occupée par le doigt α.

Si ces deux suites s et s_1 existent, la relation

$$S \equiv S' \pmod{\alpha}$$

entraînera comme conséquence la relation :

$$s + S + s_1 \equiv s + S' + s_1 \pmod{\beta}$$

c'est ce dont on se convainc immédiatement si l'on se rappelle le sens de ces symboles et on en déduirait sans peine que les deux espaces, engendrés par α et par β, sont isomorphes et, en particulier, qu'ils ont le même nombre de dimensions.

Il n'en serait plus de même si les suites s et s_1 n'existaient pas. Supposons, en effet, qu'on ne puisse trouver une suite de mouvements telle qu'à une sensation de contact du doigt β avec un objet, elle fasse succéder une sensation de contact du doigt α avec ce même objet, et cela sinon à coup sûr, du moins presque à coup sûr, comment alors raisonnerions-nous ? Nous dirions que le doigt β sent l'objet sans être au même point de l'espace, qu'il le sent à distance ; autrement, toutes les fois que le doigt β sentirait l'objet, c'est qu'il serait en un même point A de l'espace ; alors il devrait y avoir une suite de mouvements qui amèneraient le doigt α au point A ; et comme l'objet est au point A, le doigt α devrait sentir l'objet et cela devrait réussir toujours. Si nous supposons donc qu'il n'y ait pas de suite de mouvements jouissant de cette propriété, il faut admettre que le doigt β sent le contact à distance, c'est-à-dire que le fait d'être senti par ce doigt ne suffit pas pour déterminer la position de l'objet dans l'espace, c'est-à-dire enfin, que l'espace doit posséder *plus* de dimensions que le continu physique engendré par le doigt β de la façon que nous avons dite.

Je suppose par exemple que l'espace ait quatre dimensions, et je désigne par x, y, z, t les quatre coordonnées ; je suppose que le doigt β ressente le contact de l'objet, toutes les fois que les 3 coordonnées x, y, z sont les mêmes pour le doigt et l'objet, quelle que soit d'ailleurs la quatrième coordonnée ; et d'autre part que le doigt α ressente le contact de l'objet, toutes les fois que les 3 coordonnées x, y, t sont les mêmes pour l'objet et ce doigt, quelle que soit d'ailleurs la coordonnée z. Dans ces conditions, appliquons nos règles pour la construction du continu physique engendré par β ; nous lui trouverons 3 dimensions seulement, qui correspondront aux trois coordonnées x, y, z, la coordonnée t ne jouant aucun rôle. De même le continu physique engendré par α aurait 3 dimensions correspondant à x, y et t. Mais nous ne pourrions trouver une suite de mouvements correspondant à une suite de sensations musculaires s, telle que la sensation de contact pour α succède, à coup sûr, à la sensation de contact pour β.

Soient en effet, x_1, y_1, z_1, t_1 les coordonnées de l'objet, x_0, y_0, z_0, t_0 celles du doigt β avant le mouvement ; x'_0, y'_0, z'_0, t'_0 celles du doigt α après le mouvement. Nous exprimerons que le doigt β ressent le contact avant le mouvement en écrivant :

(1) $x_0 = x_1, \; y_0 = y_1, \; z_0 = z_1,.$

nous exprimerons que α ressent le contact après le mouvement en écrivant :

(2) $x'_0 = x_1, \; y'_0 = y_1, \; t'_0 = t_1.$

Pour que s existât, il faudrait que nous puissions choisir x_0, y_0, z_0, t_0; x'_0, y'_0, z'_0, t'_0 de telle façon que les relations (1) entraînassent les relations (2) quelles que fussent d'ailleurs x_1, y_1, z_1, t_1. Il est clair que cela est impossible. C'est précisément l'impossibilité de former s qui nous révélerait en pareil cas que l'espace aurait 4 dimensions et non pas 3 comme le continu physique engendré par β.

Et d'ailleurs nous observons effectivement quelque chose d'analogue si nous faisons intervenir le sens de la vue. Considérons un point de la rétine, nous pouvons lui faire jouer le même rôle qu'à nos doigts α ou β. Nous pouvons considérer la suite de mouvements nécessaires pour ramener l'image d'un objet en ce point γ de la rétine, ou la suite correspondante S de sensations musculaires ; nous pouvons nous servir de cette suite pour définir un continu physique analogue à celui qui était engendré par α ou par β. *Ce continu n'aura que deux dimensions.* Mais nous ne pouvons construire une suite analogue à *s*, c'est-à-dire une suite de mouvements faisant succéder à coup sûr, à la sensation visuelle ressentie au point γ la sensation tactile ressentie sur le doigt α. En d'autres termes, il ne suffit pas que nous constations que l'image de l'objet se fait en γ, pour que nous puissions déterminer les mouvements nécessaires pour amener notre doigt au contact de cet objet ; il nous manque une donnée qui est la distance de l'objet. Et c'est pourquoi nous disons que la vue s'exerce à distance, et que l'espace a trois dimensions, une de plus que le continu engendré par γ.

Nous voyons par ce rapide exposé quels sont les faits expérimentaux qui nous ont conduits à attribuer trois dimensions à l'espace. En présence de ces faits, il nous était plus commode de lui en attribuer trois que quatre ou que deux ; mais ce mot de commode n'est peut-être pas ici assez fort ; un être qui aurait attribué à l'espace deux ou quatre dimensions se serait trouvé dans un monde fait comme le nôtre, en état d'infériorité dans la lutte pour la vie ; qu'est-ce à dire en effet ? qu'on me permette de reprendre mes symboles et, par exemple, les congruences

$$S \equiv S' \pmod{\alpha}$$

dont j'ai expliqué plus haut le sens. Attribuer deux dimensions à l'espace, ce serait admettre de pareilles congruences que, nous autres, nous n'admettons pas ; on serait alors exposé à substituer aux mouvements *S* qui réussissent les mouvements *S'* qui ne réussiraient pas. Lui attribuer quatre dimensions, ce serait, au contraire, rejeter des congruences, que nous autres, admettons ; on se priverait alors de la possibilité de substituer aux mouvements *S* d'autres mouvements *S'* qui réussiraient tout aussi bien et qui pourraient présenter, dans certaines circonstances, des avantages particuliers.

§ 5. — L'ESPACE ET LA NATURE

Mais la question peut être posée à un tout autre point de vue. Nous nous sommes placés jusqu'ici à un point de vue purement subjectif, purement psychologique ou, si l'on veut, physiologique ; nous n'avons envisagé que les rapports de l'espace avec nos sens. On pourrait se placer, au contraire, au point de vue de la physique et se demander s'il serait possible de localiser les phénomènes naturels dans un espace autre que le nôtre et, par exemple, dans un espace à deux ou à quatre dimensions. Les lois que nous révèle la physique s'expriment par des équations différentielles, et dans ces équations figurent les trois coordonnées de certains points matériels. Est-il impossible d'exprimer les mêmes lois par d'autres équations où figureraient, cette fois, d'autres points matériels ayant *quatre* coordonnées ? Ou bien cela serait-il possible, mais les équations ainsi obtenues seraient-elles moins simples ? Ou bien enfin, seraient-elles tout aussi simples et les rejetterions-nous simplement parce qu'elles choquent nos habitudes d'esprit ?

Que voulons-nous dire quand nous parlons d'exprimer les *mêmes* lois par *d'autres* équations ? Supposons deux mondes M et M' ; nous pouvons établir entre les phénomènes qui se passent ou qui pourraient se passer dans ces deux mondes, une correspondance telle qu'à tout phénomène Φ du premier corresponde un phénomène parfaitement déterminé Φ' de l'autre qui en soit pour ainsi dire l'image. Alors, si je suppose que l'effet nécessaire du phénomène Φ, en vertu des lois qui régissent le monde M soit un certain phénomène Φ_1, et que l'effet nécessaire du phénomène Φ', image de Φ, en vertu des lois qui régissent le monde M', soit précisément l'image Φ'_1, du phénomène Φ_1, nous pourrons dire que les deux mondes obéissent aux *mêmes* lois. Peu nous importe la nature qualitative des phénomènes Φ et Φ', il nous suffit que le « parallélisme » soit possible.

Et, en effet, cette nature qualitative des phénomènes n'intéresse que nos sens, et nous sommes convenus de nous placer à un point de vue extra-psychologique, de faire abstraction, par conséquent, des données des sens et de ne faire attention qu'aux rapports mutuels des phénomènes. C'est là, en effet, ce que fait le physicien quand il substitue, par exemple, aux gaz que nous révèle l'expérience, et qui nous procurent des sensations de pression et de chaleur, les gaz de la théorie cinétique, où l'on ne voit plus que des points matériels en mouvement, ou bien à la lumière de l'expérience, et aux sensations colorées qu'elle engendre, les vibrations du milieu éthéré.

Il nous suffira de considérer un cas simple, celui des phénomènes astronomiques et de la loi de, Newton. Ce que nous observons, ce ne sont pas les coordonnées des astres, mais seulement leurs distances ; l'expression naturelle des lois de leurs mouvements, ce sont donc des équations différentielles entre ces distances et le temps. Maintenant la distance de deux points de l'espace est une fonction connue et simple des coordonnées de ces deux points. Transformons nos équations différentielles en y substituant cette fonction à la place de chaque distance ; nous aurons alors ces équations sous leur forme habituelle, forme où figurent les coordonnées mêmes des astres.

Mais nous aurions pu remplacer ces distances par d'autres fonctions et nous aurions obtenu ainsi d'autres formes de ces équations ; toutes ces formes auraient été également légitimes au point de vue qui nous occupe, puisqu'elles auraient respecté le « parallélisme » entre les phénomènes. Représentons-nous les astres comme placés dans l'espace à quatre dimensions de telle façon que la position de chacun d'eux soit définie, non plus par trois, mais par quatre coordonnées ; remplaçons ensuite dans nos équations la quantité que nous considérions jusqu'ici comme représentant la distance de deux astres par une fonction quelconque des huit coordonnées de ces deux astres ; il n'est nullement nécessaire que cette fonction soit celle qui représente la distance de deux points dans l'espace ordinaire à quatre dimensions ; elle peut être tout à fait quelconque puisque le « parallélisme » n'en sera pas altéré.

Nous obtiendrons ainsi une forme de nos équations où figureront les coordonnées des astres dans l'espace à quatre dimensions ; ce sera une expression nouvelle des lois astronomiques fondée sur l'hypothèse d'un espace à quatre dimensions et cette expression ne sera pas illégitime puisque la condition de « parallélisme » est respectée. Seulement, il est clair que les équations ainsi obtenues seront beaucoup moins simples que nos équations habituelles.

Et il en serait sans doute de même avec les lois de la Physique. Y a-t-il une raison générale pour qu'il en soit ainsi, pour que dans toutes les parties de la Physique, ce soit l'hypothèse des trois dimensions qui donne aux équations leur forme la plus simple ? Cette raison a-t-elle quelque rapport avec celle qui a été développée dans la première partie de ce travail et qui obligeait impérieusement les êtres vivants à croire aux trois dimensions ou à faire comme s'ils y croyaient sous peine d'infériorité dans la lutte pour la vie ?

Ici, une courte digression est nécessaire. Revenons, pour un instant, à notre vieil espace ordinaire. Nous disons qu'il est relatif et cela veut dire que les lois de la Physique sont les mêmes dans toutes les parties de cet espace, ou dans le langage mathématique, que les équations différentielles qui expriment ces lois ne dépendent pas du choix des axes de coordonnées.

Si on considère un système parfaitement isolé, cela n'a aucun sens, on ne pourra observer les coordonnées des points de ce système, mais seulement leurs distances mutuelles, l'observation ne pourra pas nous apprendre si les propriétés de ce système dépendent de la position absolue du système dans l'espace, puisque cette position est inobservable.

Si le système n'est pas isolé, cela ne marchera pas non plus (si l'on veut raisonner en toute rigueur), puisqu'il deviendra impossible d'exprimer les lois qui régissent ce système, sans tenir compte de l'action des corps extérieurs. Mais il y a des systèmes *à peu près isolés*, environnés de corps assez rapprochés pour qu'on puisse les *voir*, trop éloignés pour que leur action soit sensible ; c'est ce qui arrive pour notre monde terrestre vis-à-vis des étoiles. Nous pouvons alors énoncer les lois de ce monde terrestre comme si les étoiles n'existaient pas, et pourtant rapporter ce monde à un système d'axes de coordonnées parfaitement défini et invariablement lié à ces étoiles. L'expérience nous montre alors que le choix de ces axes n'intervient pas, que les équations ne sont pas altérées quand on fait un changement d'axes. L'ensemble des changements d'axes possibles forme, comme on le sait, un groupe à six dimensions.

Renonçons maintenant à notre espace ordinaire, remplaçons nos équations par d'autres qui seront équivalentes, en ce sens qu'elles respecteront le « parallélisme » des phénomènes. Toutes les fois que nous aurons affaire à un système à peu près isolé, il y aura un fait extrêmement général, une propriété d'invariance qui subsistera ; il y aura un groupe de transformations qui n'altérera pas les équations ; ces transformations n'auront plus la signification d'un changement d'axes, leur signification pourra être quelconque, mais le groupe formé par ces transformations devra toujours rester isomorphe au groupe à six dimensions dont nous venons de parler ; sans quoi il n'y aurait plus de parallélisme.

Et c'est parce que ce groupe joue dans tous les cas un rôle important, parce qu'il est isomorphe au groupe des changements d'axes dans l'espace ordinaire, parce qu'il est ainsi étroitement apparenté à notre espace à trois dimensions, c'est pour cette raison que nos équations prendront leur forme la plus simple quand on mettra ce groupe en évidence de la façon la plus naturelle, c'est-à-dire en introduisant un espace à trois dimensions.

Et comme ce groupe est isomorphe lui-même à celui des déplacements de chacun de nos membres regardé comme un corps solide, comme cette propriété des corps solides de se mouvoir en obéissant aux lois de ce groupe, n'est, en dernière analyse, qu'un cas particulier de cette propriété d'invariance sur laquelle je viens d'attirer l'attention, on voit qu'il n'y a pas de différence essentielle entre la raison *physique* qui nous porte à attribuer à l'espace trois dimensions, et les raisons psychologiques développées dans les premiers paragraphes de ce chapitre.

§ 6. — L'ANALYSIS SITUS ET L'INTUITION

Je voudrais ajouter une remarque qui ne se rapporte qu'indirectement à ce qui précède ; nous avons vu plus haut quelle est l'importance de l'Analysis Situs et j'ai expliqué que c'est là le véritable domaine de l'intuition géométrique. Cette intuition existe-t-elle ? je rappellerai qu'on a essayé de s'en passer et que M. Hilbert a cherché à fonder une géométrie qu'on a appelée rationnelle parce qu'elle est affranchie de tout appel à l'intuition. Elle repose sur un certain nombre d'axiomes ou de postulats qui sont regardés, non comme des vérités intuitives, mais comme des définitions déguisées. Ces axiomes sont répartis en cinq groupes. Pour quatre de ces groupes, j'ai eu l'occasion de dire dans quelle mesure il est légitime de les regarder comme ne renfermant que des définitions déguisées.

Je voudrais insister ici sur un de ces groupes, le deuxième, celui des « axiomes de l'ordre ». Pour bien faire comprendre de quoi il s'agit, j'en citerai un. Si sur une ligne quelconque le point C est entre A et B, et le point D entre A et C, le point D sera entre A et B. Pour M. Hilbert, il n'y a pas là une vérité intuitive, nous convenons de dire que dans certains cas C est entre A et B, mais nous ne savons pas ce que cela veut dire, pas plus que nous ne savons ce que c'est qu'un point ou qu'une ligne. Nous pourrons, d'après nos conventions, employer cette expression *entre* pour désigner une relation quelconque entre trois points, pourvu que cette relation satisfasse aux axiomes de l'ordre. Ces axiomes nous apparaissent ainsi comme la définition du mot *entre*.

On peut alors se servir de ces axiomes, à la condition d'avoir démontré qu'ils ne sont pas contradictoires, et on pourra construire sur eux une géométrie où l'on n'aura pas besoin de figures et qui pourrait être comprise d'un homme qui n'aurait ni vue, ni toucher, ni sens musculaire, ni aucun sens, et qui serait réduit à un pur entendement.

Oui, cet homme comprendrait peut-être, en ce sens qu'il verrait bien que les propositions se déduisent logiquement les unes des autres ; mais l'assemblage de ces propositions lui paraîtrait artificiel et baroque et il ne verrait pas pourquoi on l'aurait préféré à une foule d'autres assemblages possibles.

Si nous n'éprouvons pas les mêmes étonnements, c'est que les axiomes ne sont pas, en réalité, pour nous de simples définitions, des conventions arbitraires, mais bien des conventions justifiées. Pour les axiomes des autres groupes, je tiens qu'elles sont justifiées parce que ce sont celles qui s'accordent le mieux avec certains faits expérimentaux qui nous sont familiers et qu'elles nous sont, par là, les plus commodes ; pour les axiomes de l'ordre, il me semble qu'il y a quelque chose de plus, que ce sont de véritables propositions intuitives, se rattachant à l'Analysis Situs ; nous voyons que le fait pour un point C d'être entre deux autres points d'une ligne, se rattache à la façon de *découper* un continu à une dimension à l'aide de *coupures* formées de points infranchissables.

Mais alors une question se pose ; ces vérités, telles que les axiomes de l'ordre, nous sont révélées par l'intuition ; mais s'agit-il de l'intuition de l'espace lui-même, ou de l'intuition du continu mathématique ou physique en général ? Ce qui pourrait faire pencher vers la première solution, c'est que nous raisonnons facilement sur l'espace et beaucoup plus difficilement sur des continus plus compliqués, sur des continus à plus de trois dimensions non susceptibles d'être représentés dans l'espace.

Et si cette première solution était adoptée, toute cette discussion deviendrait inutile ; nous attribuerions à l'espace trois dimensions tout simplement parce que le continu à trois dimensions serait le seul dont nous aurions une intuition nette.

Mais il y a une Analysis Situs à plus de trois dimensions ; je ne dis pas que ce soit une science facile, j'y ai consacré trop d'efforts pour ne pas d'être rendu compte des difficultés qu'on y rencontre ; mais enfin cette science est possible et elle ne repose pas exclusivement sur l'analyse ; on ne saurait la cultiver avec fruit sans de continuels appels à l'intuition. Il y a donc bien une intuition des continus à plus de trois dimensions et si elle exige une attention plus soutenue que l'intuition géométrique ordinaire, c'est sans doute une affaire d'habitude, et aussi l'effet de la complication rapidement croissante des propriétés des continus quand augmente le nombre des dimensions. Ne voyons-nous pas dans les Lycées des élèves qui sont forts en géométrie plane et qui « ne voient pas dans l'espace » ? Ce, n'est pas que l'intuition de l'espace à trois dimensions leur fasse défaut, mais ils n'ont pas l'habitude de s'en servir et il leur faut pour cela un effort. Et d'ailleurs, pour nous représenter une figure dans l'espace, ne nous arrive-t-il pas à tous de nous représenter successivement les diverses perspectives possibles de cette figure ?

Je conclurai que nous avons tous en nous l'intuition du continu d'un nombre quelconque de dimensions, parce que nous avons la faculté de construire un continu physique et mathématique ; que cette faculté préexiste en nous à toute expérience parce que sans elle, l'expérience proprement dite serait impossible et se réduirait à des sensations brutes, impropres à toute organisation, que cette intuition n'est que la conscience que nous avons de cette faculté. Cependant cette faculté pourrait s'exercer dans des sens divers ; elle pourrait nous permettre de construire un espace à quatre, tout aussi bien qu'un espace à trois dimensions. C'est le monde extérieur, c'est l'expérience qui nous détermine à l'exercer dans un sens plutôt que dans l'autre.

CHAPITRE IV

LA LOGIQUE DE L'INFINI

§ 1er. — CE QUE DOIT ÊTRE UNE CLASSIFICATION

Les règles ordinaires de la logique peuvent-elles être appliquées sans changement, dès que l'on considère des collections prenant un nombre infini d'objets ? C'est là une question qu'on ne s'était pas posée d'abord, mais qu'on a été amené à examiner quand les mathématiciens qui se sont fait une spécialité de l'étude de l'infini se sont tout à coup heurtés à de certaines contradictions au moins apparentes. Ces contradictions proviennent-elles de ce que les règles de la logique ont été mal appliquées, ou de ce qu'elles cessent d'être valables en dehors de leur domaine propre, qui est celui des collections formées seulement d'un nombre fini d'objets ? Je crois qu'il ne sera pas inutile de dire ici quelques mots à ce sujet, et ide donner aux lecteurs une idée des débats auxquels ce problème a donné lieu.

La logique formelle n'est autre chose que l'étude des propriétés communes à toute classification ; elle nous apprend que deux soldats qui font partie du même régiment appartiennent par cela même à la même brigade, et par conséquent à la même division, et c'est à cela que se réduit toute la théorie du syllogisme. Quelle est alors la condition pour que les règles de cette logique soient valables ? C'est que la classification adoptée soit *immuable*. Nous apprenons que deux soldats font partie du même régiment, et nous voulons en conclure qu'ils font partie de la même brigade ; nous en avons le droit pourvu que pendant le temps que nous mettons à faire notre raisonnement, l'un des deux hommes n'ait pas été transféré d'un régiment dans un autre.

Les antinomies qui ont été signalées proviennent toutes de l'oubli de cette condition si simple : on s'est appuyé sur une classification qui n'était pas immuable et qui ne pouvait pas l'être ; on a bien pris la précaution de la *proclamer* immuable ; mais cette précaution était insuffisante ; il fallait la rendre effectivement immuable et il y a des cas où cela n'est pas possible.

Qu'on me permette de reprendre un exemple cité par M. Russell. C'était contre moi d'ailleurs qu'il l'invoquait. Il voulait prouver que les difficultés ne provenaient pas de 'introduction de l'infini actuel, puisqu'elles peuvent se présenter même quand on ne considère que des nombres finis. Je reviendrai plus loin sur ce point, mais ce n'est pas de cela qu'il s'agit pour le moment et je choisis cet exemple parce qu'il est amusant et qu'il met bien en évidence le fait que je viens de signaler.

Quel est le plus petit nombre entier qui ne peut pas être défini par une phrase de moins de cent mots français ? Et d'abord ce nombre existe-t-il ?

Oui, car avec cent mots français, on ne peut construire qu'un nombre fini de phrases, puisque le nombre des mots du dictionnaire français est limité. Parmi ces phrases, il y en aura qui n'auront aucun sens ou qui ne définiront aucun nombre entier. Mais chacune d'elles pourra définir *au plus* un seul nombre entier. Le nombre des entiers susceptibles d'être définis de la sorte est donc limité ; par conséquent, il y a certainement des entiers qui ne peuvent l'être ; et parmi ces entiers, il y en a certainement un qui est plus petit que tous les autres.

Non ; car si cet entier existait, son existence impliquerait contradiction, puisqu'il se trouverait défini par une phrase de moins de cent mots français, à savoir par la phrase même qui affirme qu'il ne peut pas l'être.

Ce raisonnement repose sur une classification des nombres entiers en deux catégories, ceux qui peuvent être définis par une phrase de moins de cent mots français et ceux qui ne peuvent pas l'être. En posant la question, nous proclamons implicitement que cette classification est immuable et que nous ne commençons à raisonner qu'après l'avoir établie définitivement. Mais cela n'est pas possible. La classification ne pourra être définitive que lorsque nous aurons passé en revue toutes les phrases de moins de cent mots, que nous aurons rejeté celles qui n'ont pas de sens, et que nous aurons fixé définitivement le sens de celles qui en ont un. Mais parmi ces phrases, il y en a qui ne peuvent avoir de sens qu'après que la classification est arrêtée, ce sont celles où il est question de cette classification elle-même. En résumé la classification des nombres ne peut être arrêtée qu'*après* que le triage des phrases est achevé, et ce triage ne peut être achevé qu'*après* que la classification est arrêtée, de sorte que ni la classification, ni le triage ne pourront *jamais* être terminés.

Ces difficultés se rencontreront beaucoup plus souvent encore quand il s'agira de collections infinies. Supposons que l'on veuille classer les éléments de l'une de ces collections et que le principe de la classification repose sur quelque relation de l'élément à classer avec la collection tout entière. Une semblable classification pourra-t-elle jamais être conçue comme arrêtée ? Il n'y a pas d'infini actuel, et quand nous parlons d'une collection infinie, nous voulons dire une collection à laquelle on peut sans cesse ajouter de nouveaux éléments (semblable à une liste de souscription qui ne serait jamais close dans l'attente de nouveaux souscripteurs). Or la classification ne pourrait justement être arrêtée que quand cette liste serait close ; toutes les fois qu'on ajoute à la collection de nouveaux éléments, on modifie cette collection ; on peut donc modifier la relation de cette collection avec les éléments déjà classés ; et comme c'est d'après cette relation que ces éléments ont été rangés dans tel ou tel tiroir, il peut arriver qu'une fois cette relation modifiée, ces éléments ne soient plus dans le bon tiroir et qu'on soit obligé de les déplacer. Tant qu'on a de nouveaux éléments à introduire, on doit craindre d'avoir à recommencer tout son travail ; or il n'arrivera jamais qu'on n'ait plus de nouveaux éléments à introduire ; la classification ne sera donc jamais arrêtée.

De là une distinction entre deux espèces de classifications, applicables aux éléments des collections infinies ; les classifications *prédicatives*, qui ne peuvent être bouleversées par l'introduction de nouveaux éléments ; les classifications *non prédicatives* que l'introduction des éléments nouveaux oblige à remanier sans cesse.

Supposons par exemple que l'on classe les nombres entiers en deux familles suivant leur grandeur. On peut reconnaître si un nombre est plus grand ou plus petit que 10 sans avoir à envisager les relations de ce nombre avec l'ensemble des autres nombres entiers. Quand on aura défini, je suppose, les 100 premiers nombres, on saura quels sont ceux d'entre eux qui sont plus petits et ceux qui sont plus grands que 10 ; quand on introduira ensuite le nombre 101, ou un quelconque des nombres suivants, ceux des 100 premiers entiers qui étaient plus petits que 10 resteront plus petits que 10, ceux qui étaient plus grands resteront plus grands; la classification est prédicative.

Imaginons au contraire qu'on veuille classer les points de l'espace et que l'on distingue ceux qui peuvent être définis en un nombre fini de mots et ceux qui ne le peuvent pas. Parmi les phrases possibles, il y en aura qui feront allusion à la collection tout entière, c'est-à-dire à l'espace, ou à des parties de l'espace. Quand nous introduirons de nouveaux points dans l'espace, ces phrases changeront de sens, elles ne définiront plus le même point ; ou bien elles perdront toute espèce de sens ; ou encore elles acquerront un sens alors qu'elles n'en avaient pas auparavant. Et alors des points qui n'étaient pas définissables deviendront susceptibles d'être définis ; d'autres qui l'étaient cesseront de l'être. Ils devront passer d'une catégorie dans une autre. La classification ne sera pas prédicative.

Il y a de bons esprits qui considèrent que les seuls objets dont il est permis de raisonner sont ceux qui peuvent être définis en un nombre fini de mots, et j'aurais d'autant plus mauvaise grâce à ne pas les regarder comme de bons esprits, que je vais bientôt moi-même défendre leur opinion. On peut donc trouver que l'exemple précédent est mal choisi, mais il est aisé de le modifier.

Pour classer les nombres entiers, ou les points de l'espace, je considérerai la phrase qui définit chaque nombre entier, ou chaque point. Comme il peut arriver qu'un même nombre ou un même point puisse être défini par plusieurs phrases, je rangerai ces phrases dans l'ordre alphabétique et je choisirai la première d'entre elles. Cela posé, cette phrase finira par une voyelle ou par une consonne, et on pourrait faire la classification d'après ce critère. Mais cette classification ne serait pas prédicative ; par l'introduction de nouveaux entiers, ou de nouveaux points, des phrases qui n'avaient aucun sens pourront en acquérir un. Et alors au tableau des phrases qui définissent un entier ou un point déjà introduit, il deviendra nécessaire d'ajouter de nouvelles phrases, qui étaient jusqu'ici dénuées de sens, qui viennent d'en acquérir un, et qui définissent précisément ce même point. Il pourra se faire que ces phrases nouvelles prennent la tête dans l'ordre alphabétique, et qu'elles finissent par une voyelle, tandis que les phrases anciennes finissaient par une consonne. Et alors notre entier ou notre point qui avait été provisoirement rangé dans une catégorie, devra être transféré dans l'autre.

Si au contraire nous classons les points de l'espace d'après la grandeur de leurs coordonnées, si nous convenons de classer ensemble tous ceux dont l'abscisse est plus petite que 10, l'introduction de nouveaux points ne changera rien à la classification ; les points déjà introduits qui répondaient à la condition ne cesseront pas d'y répondre après cette introduction. La classification sera prédicative.

Ce que nous venons de dire des classifications s'applique immédiatement aux définitions. Toute définition est en effet une classification. Elle sépare les objets qui satisfont à la définition, et ceux qui n'y satisfont pas et elle les range dans deux classes distinctes. Si elle procède, comme dit l'École, *per proximum genus et differentiam specificam*, elle repose évidemment sur la subdivision du genre en espèces. Une définition comme toute classification peut donc être ou ne pas être prédicative.

Mais ici une difficulté se présente. Reprenons l'exemple précédent. Les nombres entiers appartiennent à la classe A ou à la classe B, suivant qu'ils sont plus petits ou plus grands que 10,5. J'ai défini certains nombres entiers $\alpha\ \beta\ \gamma\ldots$ je les ai repartis entre ces deux classes A et B. Je définis et j'introduis de nouveaux nombres entiers. J'ai dit que la répartition n'était pas modifiée et que par conséquent la classification était prédicative. Mais pour que la place du nombre α dans la classification ne soit pas modifiée, il ne suffit pas que les cadres de la classification n'aient pas changé, il faut encore que le nombre α soit resté le même, c'est-à-dire que sa définition soit prédicative. De sorte qu'à un certain point de vue, on ne devrait pas dire qu'une classification est prédicative d'une façon absolue, mais qu'elle est prédicative par rapport à un mode de définition.

§ 2. — LE NOMBRE CARDINAL

On ne doit pas oublier les considérations précédentes quand on définit le nombre cardinal. Si nous considérons deux collections, an peut chercher à établir une loi de correspondance entre les objets de ces deux collections, de façon qu'à tout objet de la 1re corresponde un objet de la 2e et un seul, et inversement. Si cela est possible, on dit que des deux collections ont le même nombre cardinal.

Mais, ici encore, il convient que cette loi de correspondance soit prédicative. Si l'on a affaire à deux collections infinies, on ne pourra jamais concevoir ces deux collections comme épuisées. Si nous supposons que nous ayons pris dans la première un certain nombre d'objets, la loi de correspondance nous permettra de définir les objets correspondants de la 2e. Si nous introduisons ensuite de nouveaux objets, il pourra arriver que cette introduction change le sens de la loi de correspondance, de telle façon que l'objet A' de la 2e collection, qui avant cette introduction correspondait à un objet A de la 1re, n'y correspondra plus après cette introduction. Dans ce cas la loi de correspondance ne sera pas prédicative.

Et c'est ce que nous allons expliquer par deux exemples opposés. Je considère l'ensemble des nombres entiers et l'ensemble des nombres pairs. À chaque entier n je puis faire correspondre le nombre pair $2n$. Quand j'introduirai de nouveaux entiers, ce sera toujours le même nombre $2n$ qui correspondra à n. La loi de correspondance est prédicative, et il en est de même de toutes celles qu'envisage Cantor pour démontrer par exemple que le nombre cardinal des nombres rationnels est égal à celui des nombres entiers, ou celui des points de l'espace à celui des points d'une droite.

Supposons au contraire que l'on compare l'ensemble des nombres entiers à celui des points de l'espace susceptibles d'être définis par un nombre fini de mots et que j'établisse entre eux la correspondance suivante. Je ferai le tableau de toutes les phrases possibles, je les ordonnerai d'après le nombre de leurs mots, en rangeant dans l'ordre alphabétique celles qui ont le même nombre de mots. J'effacerai toutes celles qui n'ont aucun sens ou qui ne définissent aucun point, ou qui définissent un point déjà défini par l'une des phrases précédentes. Je ferai correspondre à chaque point la phrase qui le définit, et le *numéro* qu'occupe cette phrase dans le tableau ainsi émondé.

Lorsque j'introduirai de nouveaux points, il pourra arriver que des phrases qui étaient dépourvues de sens en acquièrent un ; on devra les rétablir dans le tableau d'où on les avait d'abord effacées ; et le numéro de toutes les autres phrases se trouvera modifié. Nos correspondances seront entièrement bouleversées ; notre loi de correspondance n'est pas prédicative.

Si l'on ne faisait pas attention à cette condition dans la comparaison des nombres cardinaux, on serait conduit à de singuliers paradoxes. Il convient donc de modifier la définition des nombres cardinaux en spécifiant que la loi de correspondance sur laquelle cette définition se fonde doit être prédicative.

Toute loi de correspondance repose sur une double classification. On doit classer les objets des deux collections que l'on veut comparer ; et les deux classifications doivent être parallèles ; si par exemple les objets de la 1re se répartissent en classes, qui se subdivisent en ordres, ceux-ci en familles, etc., il devra en être de même des objets de la 2e. À chaque classe de la 1re classification devra correspondre une classe de la 2e et une seule, à chaque ordre un ordre et ainsi de suite, jusqu'à ce qu'on arrive aux individus eux-mêmes.

Et l'on voit alors quelle doit être la condition pour qu'une loi de correspondance soit prédicative. Il faut que les deux classifications sur lesquelles cette loi repose soient elles-mêmes prédicatives.

§ 3. — LE MÉMOIRE DE M. RUSSEL

M. Russell a publié dans l'*American Journal of Mathematics*, vol. XXX, sous le titre *Mathematical logics as based on the Theory of Types*, un mémoire où il s'appuie sur des, considérations tout à fait analogues à celles qui précèdent. Après avoir rappelé quelques-uns des paradoxes les plus célèbres chez les logiciens, il en cherche l'origine et il la trouve avec raison dans une sorte de cercle vicieux. On a été conduit à des antinomies parce qu'on a envisagé des collections, contenant des objets dans la définition desquels entre la notion de la collection elle-même. On s'est servi de définitions non prédicatives ; on a confondu, dit M. Russell, les mots *all* et *any*, ce que nous pouvons rendre en français par les mots *tous* et *quelconque*.

Il est ainsi conduit à imaginer ce qu'il appelle la *hiérarchie des types*. Soit une proposition vraie d'un individu *quelconque* d'une classe donnée. Par un individu quelconque, nous devons entendre d'abord tous les individus de cette classe que l'on peut définir sans se servir de la notion de la proposition elle-même. Je les appellerai des *individus quelconques du 1er ordre* ; quand j'affirmerai que la proposition est vraie de tous ces individus, j'affirmerai une *proposition du 1er ordre*. Un individu quelconque du 2e ordre, ce sera alors un individu dans la définition duquel pourra intervenir la notion de cette proposition du 1er ordre. Si j'affirme la proposition de tous les individus du 2e ordre, j'aurai une proposition du 2e ordre. Les individus du 3e ordre seront ceux dans la définition desquels peut intervenir la notion de cette proposition du 2e ordre ; et ainsi de suite.

Prenons l'exemple de l'Épiménide. Un menteur du 1er ordre sera celui qui ment toujours sauf quand il dit je suis un menteur du 1er ordre ; un menteur du 2e ordre sera celui qui ment toujours même quand il dit je suis un menteur du 1er ordre, mais qui ne ment plus quand il dit je suis un menteur du 2e ordre. Et ainsi de suite. Et alors quand Epiménide nous dira : je suis un menteur, nous pourrons lui demander : de quel ordre ? Et c'est seulement après qu'il aura répondu à cette légitime question que son assertion aura un sens.

Passons à un exemple plus scientifique et envisageons la définition du nombre entier. On dit qu'une propriété est récurrente si elle appartient à zéro, et si elle ne peut appartenir à n sans appartenir à $n+1$; on dit que tous les nombres qui possèdent une propriété récurrente forment une classe récurrente. Alors un entier est par définition un nombre qui possède toutes les propriétés récurrentes, c'est-à-dire qui appartient à toutes les classes récurrentes.

De cette définition peut-on conclure que la somme de deux entiers est un entier ? Il semble que oui ; car si n est un nombre entier, *donné*, les nombres x qui sont tels que $n+x$ est entier forment une classe récurrente. Le nombre x ne serait donc pas entier, si $n+x$ ne l'était pas. Mais la définition de cette classe récurrente dont nous venons de parler n'est pas prédicative, car dans cette définition (qui nous apprend que $n+x$ doit être *entier*) entre la notion de nombre entier qui présuppose la notion de toutes les classes récurrentes.

D'où la nécessité d'employer le détour suivant : appelons classes récurrentes du 1er ordre toutes celles que l'on peut définir sans introduire la notion d'entier, et entiers du 1er ordre les nombres qui appartiennent à toutes les classes récurrentes du 1er ordre ; appelons ensuite classes récurrentes du 2e ordre celles que l'on peut définir en introduisant au besoin la notion d'entier du 1er ordure, mais sans faire intervenir la notion d'entier d'ordre supérieur ; appelons entiers du 2e ordre les nombres qui appartiennent à toutes les classes récurrentes du 2e ordre, et ainsi de suite. Et alors ce que nous pouvons démontrer ce n'est pas que la sommes de deux entiers est un entier, c'est que la somme de deux entiers d'ordre K, est un entier d'ordre $K-1$.

Ces exemples suffirent, je pense, pour faire comprendre ce que M. Russel appelle la hiérarchie des types. Mais alors se posent diverses questions sur lesquelles l'auteur ne s'est pas prononcé.

1° Dans cette hiérarchie s'introduisent sans difficulté des propositions du 1er, du 2e ordre, etc., et en général du *ne* ordre, *n* étant un nombre entier fini quelconque. Est-il possible de considérer de même des propositions d'ordre α, α étant un nombre ordinal transfini ? C'est ainsi que M. König a imaginé une théorie qui ne diffère pas essentiellement de celle de M. Russell ; il s'y sert d'une notation spéciale, il y désigne par $A(NV)$ les objets du 1er ordre, par $A(NV)^2$ ceux du 2e ordre, etc., NV étant les initiales de l' expression *ne varietur*. Quant à lui, il n'hésite pas à introduire des $A(NV)^\alpha$ où α est transfini, sans d'ailleurs expliquer suffisamment ce qu'il entend par là.

2° Si l'on répond oui à la première question, il faudra expliquer ce qu'on entend par des objets d'ordre ω, ω étant l'infini ordinaire, c'est-à-dire le premier nombre ordinal transfini, ou par des objets d'ordre α ; α étant un ordinal transfini quelconque.

3° Si au contraire on répond non à la 1re question, comment pourra-t-on fonder sur la théorie des types la distinction entre les nombres finis ou infinis, puisque cette théorie est dénuée de sens si on ne suppose cette distinction déjà faite.

4° Plus généralement, qu'on réponde oui ou non à la 1re question, la théorie des types est incompréhensible, si on ne suppose la théorie des ordinaux déjà constituée. Comment pourra-t-on fonder alors la théorie des ordinaux sur celle des types ?

§ 4. — L'AXIOME DE RÉDUCTIBILITÉ

M. Russell introduit un axiome nouveau qu'il appelle *axiom of reducibility*. Comme je ne suis pas sûr d'avoir parfaitement compris sa pensée, je vais lui laisser la parole. « We assume, that every function is équivalent, for ail its value to some predicative function of the same argument. » Mais, pour comprendre cette assertion, il faut remonter aux définitions données au début du mémoire. Qu'est-ce qu'une fonction, et qu'est-ce qu'une fonction prédicative ? Si une proposition est affirmée d'un objet donné a, c'est une proposition particulière ; si on l'affirme d'un objet indéterminé x, c'est une fonction propositionnelle de x. La proposition sera d'un certain ordre dans la hiérarchie des types, et cet ordre ne sera pas le même quel que soit x, puisqu'il dépendra de l'ordre de x. La fonction sera alors dite prédicative, si elle est d'ordre $K + 1$, quand x est d'ordre K.

Après ces définitions le sens de l'axiome n'est pas encore très clair et quelques exemples ne seraient pas superflus. M. Russell n'en a pas donné, et j'hésite à en donner de mon cru, parce que je crains de trahir sa pensée, que je ne suis pas certain d'avoir entièrement saisie. Mais, sans l'avoir saisie, il y a une chose dont je ne saurais douter, c'est qu'il s'agit d'un nouvel axiome. Grâce à cet axiome, on espère pouvoir démontrer le principe d'induction mathématique ; que cela soit possible, je voudrais d'autant moins le nier que je soupçonne cet axiome d'être une autre forme du même principe.

Et alors je ne puis m'empêcher de penser à tous les gens qui prétendent démontrer le postulatum d'Euclide, en s'appuyant sur une de ses conséquences, et en regardant cette conséquence comme une vérité évidente par elle-même. Qu'ont-ils gagné ? Cette vérité, quelque évidente qu'elle soit, le sera-t-elle plus que le postulatum lui-même ?

Nous ne gagnons donc rien sur le nombre des postulats ; gagnons-nous au moins sur la qualité ?

En quoi le nouvel axiome l'emporte-t-il sur le principe d'induction ?

1° Est-il susceptible d'un énoncé plus simple et plus clair ? C'est possible, car celui que M. Russell nous donne peut sans doute être amélioré ; mais ce n'est pas probable.

2° L'axiome de réductibilité est-il plus général que le principe d'induction ? de sorte que l'on ne puisse démontrer cet axiome en partant de ce principe ?

3° Ou bien au contraire l'axiome est-il moins général *en apparence* que le principe, de sorte qu'on n'aperçoive pas immédiatement que le second est contenu dans le premier, bien qu'il le soit ?

4° L'emploi de cet axiome est-il plus conforme aux tendances naturelles de notre esprit ; peut-on le justifier psychologiquement ?

Je me borne à poser ces questions ; les éléments me manquent pour les résoudre puisque je n'ai pu arriver même à comprendre complètement le sens de cet axiome.

Mais si je ne puis, avec les indications trop sommaires données par M. Russell, espérer de pénétrer entièrement ce sens, il m'est permis au moins de faire quelques conjectures. Voilà une proposition comme par exemple la définition du nombre entier; un entier fini est un nombre qui appartient à toutes les classes récurrentes ; cette proposition n'a pas de sens, par elle-même ; elle n'en aurait un que si on précisait l'ordre des classes récurrentes dont il s'agit. Mais il arrive heureusement ceci ; tout entier du 2e ordre est *a fortiori* un entier du 1er ordre, puisqu'il appartiendra à toutes les classes récurrentes des deux premiers ordres, et par conséquent à toutes celles du 1er ordre ; de même tout entier du K^e ordre sera *a fortiori* un entier du $K-1^e$ ordre. Nous sommes ainsi amenés à définir une série de classes de plus en plus restreintes, entiers du 1er, du 2e, ..., du n^e ordre, dont chacune sera contenue dans celle qui précède. J'appellerai entier d'ordre ω tout nombre qui appartiendra à la fois à toutes ces classes ; et cette définition de l'entier de l'ordre ω aura un sens et pourra être regardée comme équivalente à la définition d'abord proposée pour le nombre entier et qui n'en avait pas. Est-ce là une application correcte de l'axiome de réductibilité, tel que l'entend M. Russell ? Je ne propose cet exemple que timidement.

Admettons-le pourtant, et reprenons le théorème à démontrer au sujet de la somme de deux entiers. Nous avons établi que la somme de deux entiers du K^e ordre est un entier d'ordre $K-1$, et nous voulons en conclure que si x et n

sont deux entiers d'ordre ω, la somme $n+x$ est aussi un entier d'ordre ω. Et en effet il suffit pour cela d'établir que c'est un entier d'ordre K quelque grand que soit K. Or si n et x sont des entiers d'ordre ω, ce seront *a fortiori* des entiers d'ordre $K+1$, donc en vertu du théorème déjà établi, $n+x$ est un entier d'ordre K...

C. Q. F. D.

Est-ce de cette façon qu'on peut se servir de l'axiome de M. Russell ? Je sens bien que ce n'est pas tout à fait cela et que M. Russell donnerait au raisonnement une tout autre forme, mais le fond demeurerait le même.

Je ne veux pas discuter ici la validité de ce mode de démonstration.

Je me bornerai pour le moment aux observations suivantes. Nous avons été conduits à introduire à côté de la notion des objets du n^e ordre, celle des objets d'ordre ω et nous croyons avoir réussi en ce qui concerne les entiers, à définir cette notion nouvelle. Mais cela ne réussirait pas toujours ; pour Epiménide par exemple, cela ne marcherait pas du tout. Ce qui a assuré le succès, c'est la circonstance suivante. La classification étudiée n'était pas prédicative, et l'adjonction d'éléments nouveaux obligeait à modifier le classement des éléments antérieurement introduits et classés. Toutefois cette modification ne pouvait se faire que dans un sens ; on pouvait être obligé de transférer des objets de la classe A dans la classe B (à savoir de celle des entiers dans celle des non-entiers), mais jamais de les transférer de la classe B dans la classe A. Il faudrait une convention nouvelle pour définir les objets d'ordre ω dans les cas où la modification devrait se faire tantôt dans un sens, tantôt dans l'autre.

En second lieu, la définition des entiers d'ordre ω *n'est pas la même* que celle des entiers d'ordre K, K étant fini. On définit les entiers d'ordre K *par récurrence* en déduisant la notion d'entier d'ordre K, de la notion d'entier d'ordre $K-1$. On définit les entiers d'ordre ω, *par passage à la limite*, en faisant dépendre cette notion nouvelle d'une infinité de notions antérieures, celles des entiers de tous les ordres finis. Les deux définitions seraient donc incompréhensibles pour quelqu'un qui ne saurait pas déjà ce que c'est qu'un nombre fini ; elles *présupposent* la distinction des nombres finis et des nombres infinis. Ce n'est donc pas sur elles qu'on peut espérer fonder cette distinction.

§ 5. — LE MÉMOIRE DE M. ZERMELO

C'est dans une tout autre direction que M. Zermelo cherche la solution des difficultés que nous avons signalées. Il s'efforce de poser un système d'axiomes *a priori*, qui doivent lui permettre d'établir toutes les vérités mathématiques sans être exposé à la contradiction. Il y a plusieurs manières de concevoir le rôle des axiomes ; on peut les regarder comme des décrets arbitraires qui ne sont que les définitions déguisées des notions fondamentales. C'est ainsi qu'au début de la géométrie, M. Hilbert introduit des « *choses* » qu'il appelle points, droites et plans, et que, oubliant ou paraissant oublier un instant le sens vulgaire de ces mots, il pose entre ces *choses* diverses relations qui les définissent.

Pour que cela soit légitime, il faut démontrer que les axiomes ainsi introduits ne sont pas contradictoires, et M. Hilbert y a parfaitement réussi en ce qui concerne la géométrie, parce qu'il supposait l'analyse déjà constituée et qu'il a pu s'en servir pour cette démonstration. M. Zermelo n'a pas démontré que ses axiomes étaient exempts de contradiction, et il ne pouvait le faire, car, pour cela, il lui aurait fallu s'appuyer sur d'autres vérités déjà établies ; or des vérités déjà établies, une science déjà faite, il suppose qu'il n'y en a pas encore, il fait table rase, et il veut que ses axiomes se suffisent entièrement à eux-mêmes.

Les postulats ne peuvent donc tirer leur valeur d'une sorte de décret arbitraire, il faut qu'ils soient évidents par eux-mêmes. Il nous faudra donc, non pas démontrer cette évidence, puisque l'évidence ne se démontre pas, mais chercher à pénétrer le mécanisme psychologique qui a créé ce sentiment de l'évidence. Et voici d'où provient la difficulté ; M. Zermelo admet certains axiomes, et il en rejette d'autres qui, au premier abord, peuvent sembler aussi évidents que ceux qu'il conserve ; s'il les conservait tous, il tomberait dans la contradiction, il lui fallait donc faire un choix, mais on peut se demander quelles sont les raisons de son choix, et c'est ce qui nous oblige à quelque attention.

Ainsi il commence par rejeter la définition de Cantor : un ensemble est la réunion d'objets distincts quelconques considérés comme formant un tout. Je n'ai donc pas le droit de parler de l'ensemble de tous les objets qui satisfont à telle ou telle condition. Ces objets ne forment pas un ensemble, une *Menge*, mais il faut bien mettre quelque chose à la place de la définition qu'on rejette. M. Zermelo se borne à dire : considérons un domaine (*Bereich*) d'objets quelconques ; il peut arriver qu'entre deux de ces objets x et y, il y ait une relation de la forme $x \in y$; nous dirons alors que x est un élément de y, et que y est un ensemble, une *Menge*.

Évidemment ce n'est pas là une définition, quelqu'un qui ne sait pas ce que c'est qu'une *Menge*, ne le saura pas davantage quand il aura appris qu'elle est représentée par le symbole $\in$, puisqu'il ne sait pas ce que c'est que $\in$. Cela pourrait aller si ce symbole $\in$ devait être défini dans la suite par les axiomes eux-mêmes qui seraient regardés comme des décrets arbitraires. Mais nous venons de voir que ce point de vue était intenable. Il faut donc que nous sachions d'avance ce que c'est qu'une *Menge*, que nous en ayons l'intuition, et c'est cette intuition qui nous fera comprendre ce que c'est que $\in$, qui ne serait sans cela qu'un symbole dépourvu de sens, et dont on ne pourrait affirmer aucune propriété évidente par elle-même. Mais qu'est-ce que cette intuition peut être si elle n'est pas la définition de Cantor que nous avons dédaigneusement rejetée ?

Passons sur cette difficulté que nous chercherons plus loin à éclaircir et énumérons les axiomes admis par M. Zermelo ; ils sont au nombre de sept :

1° Deux *Mengen* qui ont mêmes éléments sont identiques.

2° Il y a une *Menge* qui ne contient aucun élément, c'est la *Nullmenge* ; s'il existe un objet a, il existe une *Menge* (a) dont cet objet est l'unique élément ; s'il existe deux objets a et b, il existe une *Menge* (a, b) dont ces deux objets sont les seuls éléments.

3° L'ensemble de tous les éléments d'une *Menge* M qui satisfont à une condition x forme un sous-ensemble, une *Untermenge* de M.

4° A chaque *Menge* T correspond une autre *Menge* UT, formée de toutes les *Untermengen* de T.

5° Considérons une *Menge* T dont les éléments sont eux-mêmes des *Mengen*; il existe une *Menge* ST, dont les éléments sont les éléments des éléments de T. Si par exemple T a trois éléments A, B, C, qui sont eux-mêmes des *Mengen* ; si A a deux éléments a et a', B deux éléments b et b', C deux éléments c et c', ST aura six éléments a, b, c, a', b', c'.

6° Si on a une *Menge* T dont les éléments sont eux-mêmes des *Mengen*, on peut choisir dans chacune de ces *Mengen* élémentaires un élément, et l'ensemble des éléments ainsi choisis forme une *Untermenge* de ST.

7° Il existe au moins une *Menge* infinie.

Avant de discuter ces axiomes, je dois répondre à une question ; pourquoi, dans leur énoncé, ai-je conservé le nom allemand *Menge* au lieu de le traduire par le mot français *ensemble* ? C'est parce que je ne suis pas sûr que le mot *Menge* conserve dans ces axiomes son sens intuitif, sans quoi il serait difficile de rejeter la définition de Cantor; or le mot français *ensemble* suggère ce sens intuitif d'une façon trop impérieuse, pour qu'on puisse l'employer sans inconvénient quand ce sens est altéré.

Je n'insisterai pas beaucoup sur le 7e axiome ; j'en dois cependant dire un mot pour faire remarquer la façon très originale dont M. Zermelo l'énonce ; il ne se contente pas en effet de l'énoncé que j'ai donné ; il dit : il existe une *Menge* *M* qui ne peut contenir l'élément *a*, sans contenir également comme élément la *Menge* (*a*), c'est-à-dire celle dont *a* est l'unique élément. Et alors si *M* admet l'élément *a*, elle en admettra une série d'autres, à savoir la *Menge* dont *a* est l'unique élément, la *Menge* dont l'unique élément est la *Menge* dont l'unique élément est *a* et ainsi de suite. On voit assez que le nombre de ces éléments doit être infini. Au premier abord, ce détour paraît bien bizarre et bien artificiel, et il l'est en effet ; mais M. Zermelo a voulu éviter de prononcer le mot infini, parce qu'il considère ses axiomes comme antérieurs à la distinction du fini et de l'infini.

Passons aux six premiers axiomes ; ils peuvent être regardés comme évidents, dès qu'on donne au mot *Menge* son sens intuitif et *si on ne considère que des objets en nombre fini*. Mais ils ne le sont pas plus que cet autre axiome que l'auteur rejette expressément :

8° *Des objets quelconques forment une Menge.*

Et alors nous devons nous poser une question ; pourquoi l'évidence de l'axiome 8 cesse-t-elle dès qu'il s'agit de collections infinies, tandis que celle des six premiers subsiste ?

Si, pour résoudre cette question, nous nous reportons à l'énoncé des axiomes, nous aurons un premier étonnement; nous constaterons que tous ces axiomes sans exception ne nous apprennent qu'une chose, c'est que certaines collections, formées d'après certaines lois, constituent des *Mengen*; de sorte que ces axiomes ne nous apparaîtront plus que comme des règles destinées à étendre le sens du mot *Menge*, comme de pures définitions de mots. Et cela est vrai aussi bien du 8° axiome que nous rejetons, que des sept premiers que nous acceptons.

Nous sommes avertis pourtant bien vite que cette première impression est trompeuse ; de semblables définitions de mots ne nous exposeraient pas à la contradiction; celle-ci ne serait à craindre que si nous avions d'autres axiomes affirmant que certaines collections *ne sont pas des Mengen* ; et nous n'en avons pas. Cependant si nous rejetons le 8e axiome, c'est pour éviter la contradiction : M. Zermelo le dit explicitement.

Il faut donc bien qu'il n'ait pas considéré ses axiomes comme de simples définitions de mots, et qu'il ait attribué au mot *Menge* un sens intuitif préexistant à tous ses énoncés, quoique différant quelque peu du sens habituel. Il n'est pas impossible de l'apercevoir en recherchant l'usage que l'auteur en fait dans ses raisonnements. Une *Menge* c'est quelque chose sur quoi l'on peut raisonner ; c'est quelque chose de fixe et d'immuable dans une certaine mesure. Définir un ensemble, une *Menge*, une collection quelconque, c'est toujours faire une classification, séparer les objets qui appartiennent à cet ensemble de ceux qui n'en font pas partie. Nous dirons alors que cet ensemble n'est pas une *Menge*, si la classification correspondante n'est pas prédicative, et que c'est une *Menge*, si cette classification est prédicative ou si on peut en raisonner comme si elle l'était.

Si nous rejetons le 8e axiome, c'est parce que des objets quelconques formeront sans doute une collection, mais une collection qui ne sera jamais close, et dont l'ordre pourra à chaque instant être troublé par l'adjonction d'éléments inattendus. C'est une collection qui n'est pas prédicative et au contraire, quand nous disons par exemple qu'à chaque *Menge* T correspond une autre *Menge* UT ou ST définie de telle ou telle manière, nous affirmons que cette définition est prédicative, ou que nous avons le droit de faire comme si elle l'était.

Et c'est ici le lieu de parler d'une distinction qui joue un rôle essentiel dans la théorie de M. Zermelo : « Eine Frage oder Aussage E, ueber deren Gültigkeit oder Ungültigkeit die Grundbeziehungen des Bereiches vermöge der Axiome und der allgemeingültigen logischen Gesetze ohne Willkür unterscheiden, heisst *definit*. » Le mot *definit* semble ici sensiblement synonyme de prédicatif. Mais l'usage qu'en fait M. Zermelo montre que la synonymie n'est pas parfaite. Ainsi supposons par exemple que cette question E soit la suivante : tel élément de la *Menge* M possède-t-il telle relation avec *tous les autres* éléments de la même *Menge*, et que nous convenions de dire que tous les éléments pour lesquels on doit répondre *oui* forment une classe K ? Pour moi, et je crois aussi pour M. Russell, une pareille Question n'est pas prédicative ; parce que *les autres* éléments de *M* sont en nombre infini, qu'on pourra sans cesse en introduire de nouveaux, et que parmi les nouveaux éléments introduits, il pourra y en avoir dans la définition desquels entre la notion de la classe *K*, c'est-à-dire de l'ensemble des éléments qui possèdent la propriété *E*. Pour M. Zermelo, cette question serait *definit* sans que je sache exactement où est la démarcation exacte, entre les questions qui sont *definit* et celles qui ne le sont pas. Il lui semble que, pour savoir si un élément possède la propriété *E* par rapport à tous les autres éléments de *M*, il suffit de vérifier s'il la possède par rapport à chacun d'eux. Si la question est *definit* par rapport à chacun de ses éléments, elle le sera *ipso* facto *par rapport à* tous *ces éléments.*

Et c'est ici qu'apparaît la divergence de nos vues. M. Zermelo s'interdit de considérer l'ensemble de tous les objets qui satisfont à une certaine condition parce qu'il lui semble que cet ensemble n'est jamais clos ; qu'on pourra toujours y faire entrer de nouveaux objets. Au contraire il n'a aucun scrupule à parler de l'ensemble des objets qui font partie d'une certaine *Menge M* et qui satisfont de plus à une certaine condition. Il lui semble qu'il ne peut posséder une *Menge*, sans posséder du même coup tous ses éléments. Parmi ces éléments, il choisira ceux qui satisfont à une condition donnée, et il pourra faire ce choix bien tranquillement, sans crainte qu'on vienne le troubler en introduisant des éléments nouveaux et inattendus, puisque ces éléments, il les a déjà tous entre les mains. En posant d'avance sa *Menge* **M**, il a élevé un mur de clôture qui arrête les gêneurs qui pourraient venir du dehors. Mais il ne se demande pas s'il ne peut y avoir des gêneurs du dedans qu'il a enfermés avec lui dans son mur. Si la *Menge* **M** a une infinité d'éléments, cela veut dire non que ces éléments puissent être conçus comme existant d'avance tous à la fois, mais qu'il peut sans cesse en naître de nouveaux ; ils naîtront à l'intérieur du mur, au lieu de naître dehors, voilà tout. Quand je parle de tous les nombres entiers, je veux dire tous les nombres entiers qu'on a inventés et tous ceux qu'on pourra inventer un jour ; quand je parle de tous les points de l'espace, je veux dire tous les points dont les coordonnées sont exprimables par des nombres rationnels, ou par des nombres algébriques, ou par des intégrales, ou de toute autre manière que l'on pourra inventer. Et c'est ce « *l'on pourra* » qui est l'infini. Mais on pourra en inventer que l'on définira de bien des façons, et si nous reprenons comme tout à l'heure notre question **E** et notre classe **K**, la question **E** se pose de nouveau chaque fois qu'on définira un nouvel élément de **M** ; or, parmi ces éléments que nous pourrons définir, il y en aura dont la définition dépendra de cette classe **K**. De sorte que le cercle vicieux n'aura pu être évité.

Voilà pourquoi les axiomes de M. Zermelo du sauraient me satisfaire. Non seulement ils ne me semblent pas évidents, mais quand l'on me demandera s'ils sont exempts de contradiction, je ne saurai que répondre. L'auteur a cru éviter le paradoxe du plus grand cardinal, en s'interdisant toute spéculation en dehors de l'enceinte d'une *Menge* bien close ; il a cru éviter le paradoxe de Richard, en ne posant que des questions *definit,* ce qui, d'après le sens qu'il donne à cette expression, exclut toute considération sur les objets qui peuvent être définis en un nombre fini de mots. Mais s'il a bien fermé sa bergerie, je ne suis pas sûr qu'il n'y ait pas enfermé le loup. Je ne serais tranquille que s'il avait démontré qu'il est à l'abri de la contradiction ; je sais bien qu'il ne pouvait le faire, puisqu'il aurait fallu s'appuyer par exemple sur le principe d'induction, qu'il ne révoquait pas en doute, mais qu'il se proposait de démontrer plus loin. Il aurait dû passer outre ; cela aurait été au prix d'une faute de logique, mais du moins nous en serions sûrs.

§ 6. — L'EMPLOI DE L'INFINI

Est-il possible de raisonner sur des objets qui ae peuvent pas être définis en un nombre fini de mots ? Est-il possible même d'en parler en sachant de quoi l'on parle, et. en prononçant autre chose que des paroles vides ? Ou au contraire doit-on les regarder comme impensables ? Quant à moi, je n'hésite pas à répondre que ce sont de purs néants.

Tous les objets que nous aurons jamais à envisager, ou bien seront définis en un nombre fini de mots, ou bien ne seront qu'imparfaitement déterminés et demeureront indiscernables d'une foule d'autres objets ; et nous ne pourrons raisonner congrument à leur endroit, que quand nous les aurons distingués de ces autres objets avec lesquels ils demeurent confondus, c'est-à-dire quand nous serons arrivés à les définir en un nombre fini de mots.

Si nous considérons un ensemble, et que nous voulions en définir les différents éléments, cette définition se décomposera naturellement en deux parties ; la première partie de la définition, commune à tous les éléments de l'ensemble, nous apprendra à les distinguer des éléments qui sont étrangers à cet ensemble ; ce sera la définition de l'ensemble ; la seconde partie nous apprendra à distinguer les uns des autres les différents éléments de l'ensemble.

Chacune de ces deux parties devra se composer d'un nombre fini de mots. Si on parle de tous les éléments d'un ensemble dont on donne la définition, on veut parler de tous les objets qui satisfont à la première partie de la définition et qu'on pourra achever de définir par telle phrase d'un nombre fini de mots que l'on voudra. On ne vous donne que la moitié de la définition, vous pouvez ensuite la compléter, en choisissant la seconde moitié comme il vous plaira ; mais il faut que vous la complétiez. Si j'affirme une proposition au sujet de tous les objets d'un ensemble, je veux dire que si un objet satisfait à la première partie de la définition, la proposition en ce qui concerne cet objet restera vraie, quelle que soit la manière dont vous énoncerez la seconde partie ; mais si vous pouvez l'énoncer comme vous voulez, il est nécessaire que vous l'énonciez, sans quoi l'objet serait impensable et la proposition n'aurait aucun sens.

Ce n'est pas qu'on ne puisse faire et qu'on n'ait fait quelques objections à cette façon de voir. Les phrases d'un nombre fini de mots pourront toujours être numérotées, puisqu'on peut par exemple les classer par ordre alphabétique. Si tous les objets pensables doivent être définis par de semblables phrases, on pourra aussi leur donner un numéro. Il n'y aurait donc pas plus d'objets pensables que de nombres entiers; et si l'on considère l'espace, par exemple, si l'on en exclut les points qui ne peuvent être définis en un nombre fini de mots et qui sont de purs néants, il n'y restera pas plus de points qu'il n'y a de nombres entiers. Et Cantor a démontré le contraire.

Ce n'est là qu'un trompe-l'œil ; représenter les points de l'espace par la phrase qui sert à les définir ; classer ces phrases et les points correspondants d'après les lettres qui forment ces phrases, c'est construire une classification qui n'est pas prédicative, qui entraîne tous les inconvénients, tous les paralogismes, toutes les antinomies dont j'ai parlé au début de ce chapitre. Qu'a voulu dire Cantor et qu'a-t-il réellement démontré ? On ne peut trouver, entre les nombres entiers et les points de l'espace définissables en un nombre fini de mots, une loi de correspondance satisfaisant aux conditions suivantes : 1° Cette loi peut s'énoncer en un nombre fini de mots. 2° Étant donné un entier quelconque, on peut trouver le point de l'espace correspondant, et ce point sera entièrement défini sans ambiguïté ; la définition de ce point qui se compose de deux parties, la définition de l'entier et l'énoncé de la loi de correspondance, se réduira à un nombre fini de mots, puisque notre entier peut se définir, et notre loi s'énoncer en nombre fini de mots. 3° Étant donné un point P de l'espace que je suppose défini en un nombre fini de mots (*sans m'interdire de faire figurer dans cette* définition des allusions à la loi de correspondance elle-même, *ce qui est essentiel dans la démonstration* de Cantor) il y aura un entier qui sera déterminé sans ambiguïté par l'énoncé de la loi de correspondance et par la définition du point P. 4° La loi de correspondance doit être prédicative, c'est-à-dire que si elle fait correspondre un point P à un entier, elle ne devra pas cesser de faire correspondre ce point P à ce même entier, quand on aura introduit de nouveaux points de l'espace. Voilà ce que Cantor a démontré et cela reste toujours vrai ; on voit quel est le sens compliqué enfermé dans cette brève proposition : le nombre cardinal des points de l'espace est plus grand que celui des entiers.

Et alors que devons-nous conclure ? Tout théorème de mathématiques doit pouvoir être vérifié. Quand j'énonce ce théorème, j'affirme que toutes les vérifications que j'en tenterai réussiront ; et même si l'une de ces vérifications exige un travail qui excéderait les forces d'un homme, j'affirme que, si plusieurs générations, cent, s'il le faut, jugent à propos de s'atteler à cette vérification, elle réussira encore. Le théorème n'a pas d'autre sens, et cela est encore vrai si dans son énoncé on parle de nombres infinis; mais comme les vérifications ne peuvent porter que sur des nombres finis, il s'ensuit que tout théorème sur les nombres infinis ou surtout sur ce qu'on appelle ensembles infinis, ou cardinaux transfinis, ou ordinaux transfinis, etc., etc., ne peut être qu'une façon abrégée d'énoncer des propositions sur les nombres finis. S'il en est autrement, ce théorème ne sera pas vérifiable, et s'il n'est pas vérifiable, il n'aura pas de sens.

Et il s'ensuit qu'il ne saurait y avoir d'axiome évident concernant les nombres infinis ; toute propriété des nombres infinis n'est que la traduction d'une propriété des nombres finis ; c'est cette dernière qui pourra être évidente, tandis qu'il faudra démontrer la première en la comparant à la dernière et en montrant que la traduction est exacte.

§ 7. — RÉSUMÉ

Les antinomies auxquelles certains logiciens ont été conduits proviennent de ce qu'ils n'ont pas pu éviter certains cercles vicieux. Cela leur est arrivé quand ils considéraient des collections finies, mais cela leur est arrivé bien plus souvent quand ils avaient la prétention de traiter des collections infinies. Dans le premier cas, ils auraient pu éviter aisément le piège où ils sont tombés ; ou plus exactement ils ont eux-mêmes tendu le piège où ils se sont amusés à tomber, et même ils ont été obligés de faire bien attention pour ne pas tomber à côté du piège ; en un mot, dans ce cas les antinomies ne sont que des joujoux. Bien différentes sont celles qu'engendre la notion de l'infini ; il arrive souvent qu'on y tombe sans le faire exprès, et même quand on est averti, on n'est pas encore bien tranquille.

Les tentatives qui ont été faites pour sortir de ces difficultés sont intéressantes à plus d'un titre, mais elles ne sont pas entièrement satisfaisantes. M. Zermelo a voulu construire un système impeccable d'axiomes ; mais ces axiomes ne peuvent être regardés comme des décrets arbitraires, puisqu'il faudrait démontrer que ces décrets ne sont pas contradictoires, et qu'ayant fait entièrement table rase on n'a plus rien sur quoi l'on puisse appuyer une semblable démonstration. Il faut donc que ces axiomes soient évidents par eux-mêmes. Or quel est le mécanisme par lequel on les a construits ? on a pris les axiomes qui sont vrais des collections finies ; on ne pouvait les étendre tous aux collections infinies, on n'a fait cette extension que pour un certain nombre d'entre eux, choisis plus ou moins arbitrairement. A mon sens, d'ailleurs, ainsi que je l'ai dit plus haut, aucune proposition concernant les collections infinies ne peut être évidente par intuition.

M. Russell a mieux compris la nature de la difficulté à vaincre, il ne l'a cependant pas entièrement vaincue, parce que sa hiérarchie des types suppose la théorie des ordinaux déjà faite.

Quant à moi, je proposerais de s'en tenir aux règles suivantes :

1° Ne jamais envisager que des objets susceptibles d'être définis en un nombre fini de mots ;

2° Ne jamais perdre de vue que toute proposition sur l'infini doit être la traduction, l'énoncé abrégé de propositions sur le fini ;

3° Éviter les classifications et les définitions non prédicatives.

Toutes les recherches dont nous avons parlé ont un caractère commun. On se propose d'enseigner les mathématiques à un élève qui ne sait pas encore la différence qu'il y a entre l'infini et le fini ; on ne se hâte pas de lui apprendre en quoi consiste cette différence ; on commence par lui montrer tout ce qu'on peut savoir de l'infini sans se préoccuper de cette distinction ; puis dans une région écartée du champ qu'on lui a fait parcourir, on lui découvre un petit coin où se cachent les nombres finis.

Cela me paraît psychologiquement faux; ce n'est pas ainsi que l'esprit humain procède naturellement, et quand même on devrait s'en tirer sans trop de mésaventures antinomiques, cela n'en serait pas moins une méthode contraire à toute saine psychologie.

M. Russell me dira sans doute qu'il ne s'agit pas de psychologie, mais de logique et d'épistémologie ; et moi, je serai conduit à répondre qu'il n'y a pas de logique et d'épistémologie indépendantes de ta psychologie ; et cette profession de foi clora probablement la discussion parce qu'elle mettra en évidence une irrémédiable divergence de vues.

CHAPITRE V

LES MATHÉMATIQUES ET LA LOGIQUE

Il y a quelques années, j'ai eu l'occasion d'exposer certaines idées sur la logique de l'infini ; sur l'emploi de l'infini en Mathématiques, sur l'usage qu'on en fait depuis Cantor ; j'ai expliqué pourquoi je ne regardais pas comme légitimes certains modes de raisonnements dont divers mathématiciens éminents avaient cru pouvoir se servir[1]. Je m'attirai naturellement de vertes répliques; ces mathématiciens ne croyaient pas s'être trompés, ils croyaient avoir eu le droit de faire ce qu'ils avaient fait. La discussion s'éternisa, non pas que l'on vît sans cesse surgir de nouveaux arguments, mais parce qu'on tournait toujours dans le même cercle, chacun répétant ce qu'il venait de dire, sans paraître avoir entendu ce que l'adversaire avait dit. À chaque instant, on m'envoyait une nouvelle démonstration du principe contesté, pour se mettre, disait-on, à l'abri de toute objection ; mais cette démonstration, c'était toujours la même, à peine maquillée. On n'est donc arrivé à aucune conclusion ; si je disais que j'en ai été étonné, je donnerais une triste idée de ma pénétration psychologique.

Dans ces conditions, convient-il de répéter une fois de plus les mêmes arguments, auxquels je pourrais peut-être donner une forme nouvelle, mais auxquels je ne pourrais rien changer dans le fond, puisqu'il me semble qu'on n'a pas même essayé de les réfuter. Il me semble préférable de rechercher quelle peut être l'origine de cette différence de mentalité qui engendre de telles divergences de vues. Je viens de dire que ces divergences irréductibles ne m'avaient pas étonné, que je les avais prévues dès la première heure, mais cela ne nous dispense pas d'en chercher l'explication ;

on peut prévoir un fait, à la suite d'expériences répétées, et être pourtant très embarrassé pour l'expliquer.

Cherchons donc à étudier la psychologie des deux écoles adverses, à un point de vue purement objectif, comme si nous étions nous-mêmes placés en dehors de ces écoles, comme si nous décrivions une guerre entre deux fourmilières; nous constaterons d'abord qu'il y a chez les mathématiciens deux tendances opposées dans la façon d'envisager l'infini. Pour les uns, l'infini dérive du fini, il y a un infini parce qu'il y a une infinité de choses finies possibles ; pour les autres l'infini préexiste au fini, le fini s'obtient en découpant un petit morceau dans l'infini.

Un théorème doit pouvoir être vérifié, mais comme nous sommes nous-mêmes finis, nous ne pouvons opérer que sur des objets finis ; lors donc même que la notion d'infini joue un rôle dans l'énoncé du théorème, il faut que dans la vérification il n'en soit plus question ; sans quoi cette vérification serait impossible. Je prendrai comme exemples des théorèmes comme ceux-ci : la suite des nombres premiers est illimitée, la série $\Sigma \dfrac{1}{n^2}$ est convergente, etc. ; chacun d'eux peut se traduire par des égalités ou des inégalités où ne figurent que des nombres finis. Ces théorèmes participent de l'infini, non parce qu'une des vérifications possibles en participe elle-même, mais parce que les vérifications possibles sont en nombre infini.

En énonçant le théorème, j'affirme que toutes ces vérifications réussiraient ; bien entendu, on ne les fait pas toutes ; il y en a que j'appelle possibles parce qu'elles n'exigeraient qu'un temps fini, mais qui seraient *pratiquement* impossibles parce qu'elles demanderaient des années de travail. Il me suffit qu'on puisse concevoir quelqu'un d'assez riche et d'assez fou pour la tenter en payant un nombre suffisant d'auxiliaires. La démonstration du théorème a précisément pour but de rendre cette folie inutile.

Un théorème qui ne comporte aucune conclusion vérifiable a-t-il un sens ? ou plus généralement un théorème quelconque a-t-il un sens en dehors des vérifications qu'il comporte ? C'est ici que les mathématiciens diffèrent. Ceux de la première école, ceux que j'appellerai les *Pragmatistes* (puisqu'il faut bien leur donner un nom) répondent non, et quand on leur apporte un théorème sans leur donner un moyen de le vérifier, ils n'y voient que de la bouillie pour les chats. Ils ne veulent envisager que des objets qui peuvent être définis en un nombre fini de mots ; quand dans un raisonnement on leur parle d'un objet A satisfaisant à certaines conditions, ils sous-entendent un objet qui satisfait à ces conditions quels que soient d'ailleurs les mots dont on se servira pour achever de le définir, pourvu que ces mots soient en nombre fini.

Ceux de l'autre école, que j'appellerai, pour abréger, les *Cantoriens*, ne veulent pas admettre cela ; un homme, quelque bavard qu'il soit, ne prononcera jamais dans sa vie plus d'un milliard de mots ; et alors allons-nous exclure de la Science les objets dont la définition contient un milliard et un mots ? et si nous ne les excluons pas, pourquoi exclurions-nous ceux qui ne peuvent être définis que par une infinité de mots, puisque la construction des uns est comme celle des autres au-dessus de la portée de l'humanité ?

Cet argument laisse bien entendu les Pragmatistes froids; quelque bavard que soit un homme, l'humanité sera plus bavarde encore et comme nous ne savons pas combien de temps elle durera, nous ne pouvons pas limiter d'avance le champ de ses investigations ; nous savons seulement que ce champ restera toujours limité ; et quand même nous pourrions fixer la date de sa disparition, il y a d'autres astres qui pourraient reprendre l'œuvre inachevée sur la Terre ; les Pragmatistes n'auraient d'ailleurs pas de répugnance à imaginer une humanité beaucoup plus bavarde que la nôtre, mais conservant encore quelque chose d'humain ; ils se refusent à raisonner sur l'hypothèse de je ne sais quelle divinité infiniment bavarde et susceptible de penser une infinité de mots en un temps fini. Et les autres pensent au contraire que les objets existent, dans une sorte de grand magasin, indépendamment de toute humanité ou de toute divinité qui pourrait en parler ou y penser; que dans ce magasin nous pouvons faire notre choix, que sans doute nous n'avons pas assez d'appétit ou assez d'argent pour tout acheter ; mais que l'inventaire du magasin est indépendant des ressources des acheteurs. Et de ce malentendu initial résultent toutes sortes de divergences de détail.

Prenons pour exemple le théorème de Zermelo, d'après lequel l'espace est susceptible d'être transformé en un ensemble bien ordonné ; les Cantoriens seront séduits par la rigueur, réelle ou apparente, de la démonstration ; les Pragmatistes lui répondront : Vous dites que vous pouvez transformer l'espace en un ensemble bien ordonné ; eh bien ! transformez-le. — Ce serait trop long. — Alors montrez-nous au moins que quelqu'un qui aurait assez de temps et de patience pourrait faire la transformation. — Non, nous ne le pouvons pas parce que le nombre des opérations à faire est infini, il est même plus grand que Alephzéro. — Pouvez-vous montrer comment on pourrait exprimer en un nombre fini de mots la loi qui permettrait d'ordonner l'espace ? — Non — et les Pragmatistes concluent que le théorème est dénué de sens, ou faux, ou tout au moins indémontré.

Les Pragmatistes se placent au point de vue de l'extension et les Cantoriens au point de vue de la compréhension. Quand il s'agit d'une collection finie, cette distinction ne peut intéresser que les théoriciens de la logique formelle ; mais elle nous apparaît comme beaucoup plus profonde en ce qui concerne les collections infinies. Si on se place au point de vue de l'extension, une collection se constitue par l'adjonction successive de nouveaux membres ; nous pouvons en combinant les objets anciens construire des objets nouveaux, puis avec ceux-ci des objets encore plus nouveaux, et si la collection est infinie, c'est parce qu'il n'y a pas de raison pour s'arrêter.

Au point de vue de la compréhension au contraire, nous partons de la collection où se trouvent des objets préexistants, qui nous apparaissent d'abord comme indistincts, mais nous finissons par reconnaître quelques-uns d'entre eux parce que nous y collons des étiquettes et que nous les rangeons dans des tiroirs ; mais les objets sont antérieurs aux étiquettes, et la collection existerait quand même il n'y aurait pas de conservateur pour la classer.

Pour les Cantoriens la notion de nombre cardinal ne comporte pas de mystère. Deux collections ont le même nombre cardinal quand on peut les ranger dans les mêmes tiroirs ; rien de plus facile puisque les deux collections préexistent, et qu'on peut regarder également comme préexistante une collection de tiroirs indépendante des conservateurs chargés d'y ranger les objets. Pour les Pragmatistes, il n'en va pas de même ; la collection ne préexiste pas, elle s'enrichit chaque jour: de nouveaux objets s'y adjoignent sans cesse qu'on n'aurait pu définir sans s'appuyer sur la notion des objets déjà antérieurement classés et sur la façon dont ils sont classés. A chaque nouvelle acquisition, le conservateur peut être forcé de bouleverser ses tiroirs pour trouver le moyen de la caser : on ne saura jamais si deux collections peuvent se ranger dans les mêmes tiroirs, puisqu'on peut toujours craindre qu'il soit nécessaire de les déranger.

Par exemple, les Pragmatistes n'admettent que les objets qui peuvent être définis en un nombre fini de mots ; les définitions possibles, étant exprimables par des phrases, peuvent toujours être numérotées avec des numéros ordinaires depuis un jusqu'à l'infini. À ce compte il n'y aurait qu'un seul nombre cardinal infini possible, le nombre Alephzéro ; pourquoi disons-nous alors que la puissance du continu n'est pas celle des nombres entiers ? Oui, étant donnés tous les points de l'espace que nous savons définir avec des mots en nombre fini, nous savons imaginer une loi, exprimable elle-même par un nombre fini de mots, qui les fait correspondre à la suite des nombres entiers ; mais considérons maintenant des phrases où figure la notion de cette loi de correspondance ; tout à l'heure elles n'avaient aucun sens puisque cette loi n'était pas encore inventée, et elles ne pouvaient servir à définir des points de l'espace ; maintenant elles ont acquis un sens, elles vont nous permettre de définir de nouveaux points de l'espace ; mais ces nouveaux points ne trouveront plus de place dans la classification adoptée, ce qui nous contraindra à la bouleverser. Et c'est cela que nous voulons dire, d'après les Pragmatistes, quand nous disons que la puissance du continu n'est pas celle des nombres entiers. Nous voulons dire qu'il est impossible d'établir entre ces deux ensembles une loi de correspondance qui soit à l'abri de cette sorte de bouleversement ; au lieu qu'on peut le faire par exemple quand il s'agit d'une droite et d'un plan.

Et alors les Pragmatistes ne sont pas certains qu'un ensemble quelconque ait, à proprement parler, un nombre cardinal ; ou bien qu'étant donnés deux ensembles on puisse toujours savoir s'ils ont la même puissance, ou si l'un a une puissance plus grande que l'autre. Ils en viennent ainsi à douter de l'existence d'Aleph-un.

Une autre source de divergence vient de la façon de concevoir la définition. Il y a plusieurs sortes de définitions ; la définition directe qui peut se faire soit par *genus proximum et differentiam specificam* soit par construction.

Notons en passant qu'il y a des définitions incomplètes en ce sens qu'elles définissent non pas un individu, mais un genre tout entier ; elles sont légitimes et ce sont même celles dont on fait le plus fréquemment usage; mais d'après les Pragmatistes, on doit sous-entendre l'ensemble des individus qui satisfont à la définition et qu'on pourrait achever de définir en un nombre fini de mots ; pour les Cantoriens cette restriction est artificielle et dénuée de signification.

S'il n'y avait que des définitions directes, l'impuissance de la logique pure ne saurait être contestée ; on pourrait alors dans une proposition quelconque remplacer chacun des termes par sa définition ; quand on aurait terminé cette substitution, ou bien la proposition ne se réduirait pas à une identité et alors elle ne serait pas susceptible d'une démonstration purement logique ; ou bien elle se réduirait à une identité et alors elle ne serait qu'une tautologie plus ou moins habilement déguisée.

Mais nous avons encore une autre sorte de définitions, les définitions par postulats ; généralement nous saurons que l'objet à définir appartient à un genre, mais quand il s'agira d'énoncer la différence spécifique, on ne l'énoncera pas directement, mais à l'aide d'un « postulat » auquel l'objet défini devra satisfaire. C'est ainsi que les mathématiciens peuvent définir une quantité x par une équation explicite $x = f(y)$, ou par une équation implicite $F(x, y) = 0$.

La définition par postulat n'a de valeur que quand on a démontré l'existence de l'objet défini ; dans le langage mathématique, cela veut dire que le postulat n'implique pas contradiction; on n'a pas le droit de négliger cette condition ; il faut ou bien admettre l'absence de contradiction comme une vérité intuitive, comme un axiome, par une sorte d'acte de foi; mais alors il faut se rendre compte de ce qu'on fait et savoir qu'on a allongé la liste des axiomes indémontrables; ou bien il faut construire une démonstration en règle, soit par l'exemple, soit par l'emploi du raisonnement par récurrence. Ce n'est pas que cette démonstration soit moins nécessaire quand il s'agit d'une définition directe, mais elle est généralement plus facile.

Certains Pragmatistes seront plus exigeants : pour qu'ils regardent une définition comme légitime, il ne leur suffira pas qu'elle ne conduise pas à des contradictions dans les termes, il leur faudra encore qu'elle ait un sens, à leur point de vue particulier que j'ai cherché à définir plus haut.

Quoi qu'il en soit, la logique restera-t-elle stérile, après l'introduction des définitions par postulats ? Nous ne pouvons plus, étant donnée une proposition, y remplacer un terme par sa définition; tout ce que nous pouvons faire, c'est d'*éliminer* ce terme entre la proposition et le postulat qui lui sert de définition. Si cette opération, faite d'après ce qu'on pourrait appeler les règles de l'élimination logique, ne nous conduit pas à une identité, c'est que la proposition est indémontrable par la logique pure; si elle conduit à une identité, c'est que la proposition n'est qu'une tautologie. Nous n'avons rien à changer à nos conclusions de tout à l'heure.

Mais il y a une troisième sorte de définitions, ce qui est l'origine d'un nouveau malentendu entre les Pragmatistes et les Cantoriens. Ce sont encore des définitions par postulat, mais le postulat est ici une relation entre l'objet à définir et *tous* les individus d'un genre dont l'objet à définir est supposé faire lui-même partie (ou bien dont sont supposés faire partie des êtres qui ne peuvent être eux-mêmes définis que par l'objet à définir). C'est ce qui arrive si nous posons les deux postulats suivants :

X (objet à définir) a telle relation avec *tous* les individus du genre G.

X fait partie du genre G.

ou bien les trois postulats suivants :

X a telle relation avec *tous* les individus du genre G.

Y a telle relation avec X.

Y fait partie de G.

Pour les Pragmatistes une pareille définition implique un cercle vicieux. On ne peut définir X sans connaître tous les individus du genre G, et par conséquent sans connaître X qui est un de ces individus. Les Cantoriens n'admettent pas cela ; le genre G nous est donné, par conséquent nous en connaissons *tous* les individus, la définition a pour but seulement de *discerner* parmi ces individus celui qui a avec tous ses camarades la relation énoncée. Non, répondent leurs adversaires, la connaissance du genre ne vous fait pas connaître tous ses individus, elle vous donne seulement la possibilité de les construire tous, ou plutôt d'en construire autant que vous voudrez. Ils n'existeront qu'après qu'ils auront été construits, c'est-à-dire après qu'ils auront été définis; X n'existe que par sa définition qui n'a de sens que si l'on connaît d'avance tous les individus de G et en particulier

X. Il ne servirait à rien de dire, ajoutent-ils, que ce n'est pas un cercle vicieux de définir *X* par sa relation avec *X*, que cette relation est en somme un postulat qui peut servir à définir *X* ; car il faudrait établir au préalable que ce postulat n'implique pas contradiction, mais ce n'est pas d'ordinaire ce qu'on fait dans ce genre de définitions. On démontre d'abord que quel que soit le genre *G*, dont tous les individus sont supposés connus, il existe un être *X* qui a avec ce genre la relation en question ; c'est-à-dire que l'existence de cet être n'entraîne pas la contradiction ; il resterait à faire voir qu'il n'y a pas contradiction entre l'existence de cet être et l'hypothèse que cet être fait lui-même partie du genre.

Le débat pourrait se poursuivre longtemps ; mais le point que je voudrais mettre en évidence, c'est que si ce genre de définitions était admis, la logique ne serait plus stérile, et la preuve c'est qu'on a bâti de la sorte une foule de raisonnements destinés à démontrer des propositions qui n'étaient nullement des tautologies puisqu'il y a des gens qui se demandent si elles ne sont pas fausses. Et alors on admire le pouvoir que peut avoir un mot. Voilà un objet dont on n'aurait rien pu tirer, tant qu'il n'était pas baptisé ; il a suffi de lui donner un nom pour qu'il fît des merveilles. Comment cela se fait-il ? C'est parce qu'en lui donnant un nom, nous avons affirmé implicitement que l'objet existait (c'est-à-dire était pur de toute contradiction) et qu'il était entièrement déterminé. Or, cela nous n'en savons rien à ce que prétendent les Pragmatistes. Quel est donc le mécanisme qui rend la démonstration féconde ? c'est bien simple, on nie la proposition à démontrer et on montre qu'on se trouve en contradiction avec l'existence de l'objet X ; et cela n'est légitime que si l'on est certain de cette existence, et d'autre part, si l'on sait que l'objet est entièrement déterminé. Et en effet si X se déduit du genre G par la définition, que si ensuite on complète le genre G en y adjoignant l'objet X et les autres individus du même genre qui peuvent en dériver ; que si l'on appelle G' le genre ainsi complété et X' ce qui se déduirait de G' par la définition de la même façon que X s'est déduit de G, il faut qu'on soit sûr que X' est identique à X. S'il n'en était pas ainsi et qu'en niant la proposition à démontrer, on fût conduit à deux énoncés contradictoires

$$\varphi_1(X) = 0, \quad \varphi_2(X) = 0$$

comment saurait-on que c'est bien le même X qui figure dans l'une et dans l'autre ? Si X figurait dans l'une et X' dans l'autre, les deux propositions s'écriraient

$$\varphi_1(X) = 0, \quad \varphi_2(X') = 0$$

et ne seraient plus contradictoires en général.

Pourquoi donc les Pragmatistes font-ils cette objection ? C'est parce que le genre G ne leur apparaît que comme une collection susceptible de s'accroître indéfiniment, à mesure qu'on construira de nouveaux individus, possédant les caractères convenables; c'est ainsi que G ne peut jamais être posé *ne varietur*, comme le font les Cantoriens, et qu'on n'est pas sûr que, par de nouvelles annexions, il ne deviendra pas G'.

Je me suis efforcé d'expliquer aussi clairement et aussi impartialement que je l'ai pu en quoi consistent les divergences entre les deux écoles de mathématiciens ; et il me semble que nous en apercevons déjà la véritable cause ; les savants des deux écoles ont des tendances mentales opposées ; ceux que j'ai appelés les Pragmatistes sont des idéalistes, les Cantoriens sont des réalistes.

Il y a une chose qui nous confirmera dans cette manière de voir. Nous voyons que les Cantoriens (qu'on me passe ce vocable commode bien que je veuille parler ici non des mathématiciens qui suivent la voie ouverte par Cantor, ni peut-être même des philosophes qui se réclament de lui, mais de ceux qui ont les mêmes tendances d'une façon indépendante), que les Cantoriens, dis-je, parlent constamment d'épistémologie, c'est-à-dire de la science des sciences ; et il est bien entendu que cette épistémologie est tout à fait indépendante de la psychologie ; c'est-à-dire qu'elle doit nous apprendre ce que seraient les sciences s'il n'y avait pas de savants ; que nous devons étudier les sciences, non sans doute en supposant qu'il n'y a pas de savants, mais du moins sans supposer qu'il y en a. Ainsi non seulement la Nature est une réalité indépendante du physicien qui pourrait être tenté de l'étudier, mais la physique elle-même est aussi une réalité qui subsisterait s'il n'y avait pas de physiciens. C'est bien là du réalisme.

Et pourquoi les Pragmatistes refusent-ils d'admettre des objets qui ne pourraient être définis par un nombre fini de mots ? C'est parce qu'ils considèrent qu'un objet n'existe que quand il est pensé, et qu'on ne saurait concevoir un objet pensé indépendamment d'un sujet pensant. C'est bien là de l'idéalisme. Et comme un sujet pensant c'est un homme, ou quelque chose qui ressemble à l'homme, que c'est par conséquent un être fini, l'infini ne peut avoir d'autre sens que la possibilité de créer autant d'objets finis qu'on le veut.

Et alors on peut faire une remarque assez curieuse. Les réalistes se placent d'ordinaire au point de vue physique ; ce sont les objets matériels, ou les âmes individuelles, ou ce qu'ils appellent les substances, dont ils affirment l'existence indépendante. Le monde pour eux existait avant la création de l'homme, avant même celle des êtres vivants ; il existerait encore même s'il n'y avait pas de Dieu ni aucun sujet pensant. Cela, c'est le point de vue du sens commun, et ce n'est que par la réflexion qu'on peut être amené à l'abandonner. Les partisans du réalisme physique sont en général finitistes; dans la question des antinomies kantiennes, ils tiennent pour les thèses ; ils croient que le monde est limité. Telle est par exemple la manière de voir de M. Evellin. Au contraire les idéalistes n'ont pas les mêmes répugnances et sont tout prêts à souscrire aux antithèses.

Mais les Cantoriens sont réalistes, même en ce qui concerne les entités mathématiques ; ces entités leur paraissent avoir une existence indépendante; le géomètre ne les crée pas, il les découvre. Ces objets existent alors pour ainsi dire sans exister, puisqu'ils se réduisent à de pures essences ; mais comme, par nature, ces objets sont en nombre infini, les partisans du réalisme mathématique sont beaucoup plus infinitistes que les idéalistes ; leur infini n'est plus un devenir, puisqu'il préexiste à l'esprit qui le découvre; qu'ils l'avouent ou qu'ils le nient, il faut donc qu'ils croient à l'infini actuel.

On reconnaît là la théorie des idées de Platon ; et cela peut paraître étrange de voir Platon classé parmi les réalistes ; rien n'est pourtant plus opposé à l'idéalisme contemporain que le platonisme, bien que cette doctrine soit également très éloignée du réalisme physique.

Je n'ai jamais connu de mathématicien plus réaliste, au sens platonicien, qu'Hermite, et pourtant je dois avouer que je n'en ai pas rencontré de plus réfractaire au Cantorisme. Il y a là une apparente contradiction, d'autant plus qu'il répétait volontiers : Je suis anticantorien *parce que* je suis réaliste. Il reprochait à Cantor de créer des objets, au lieu de se contenter de les découvrir. Sans doute à cause de ses convictions religieuses considérait-il comme une sorte d'impiété de vouloir pénétrer de plain-pied dans un domaine que Dieu seul peut embrasser et de ne pas attendre qu'il nous en révèle un à un les mystères. Il comparait les sciences mathématiques aux sciences naturelles. Un naturaliste qui aurait cherché à deviner le secret de Dieu, au lieu de consulter l'expérience, lui aurait paru non seulement présomptueux mais irrespectueux pour la majesté divine ; les Cantoriens lui paraissaient vouloir agir de même en mathématiques. Et c'est pourquoi, réaliste en théorie, il était idéaliste en pratique. Il y a une réalité à connaître et elle est extérieure à nous et indépendante de nous ; mais tout ce que nous en pouvons connaître dépend de nous, et n'est plus qu'un devenir, une sorte de stratification de conquêtes successives. Le reste est réel mais éternellement inconnaissable.

Le cas d'Hermite est d'ailleurs isolé et je ne m'y étends pas davantage. De tout temps, il y a eu en philosophie des tendances opposées et il ne semble pas que ces tendances soient sur le point de se concilier. C'est sans doute parce qu'il y a des âmes différentes et qu'à ces âmes nous ne pouvons rien changer. Il n'y a donc aucun espoir de voir l'accord s'établir entre les Pragmatistes et les Cantoriens. Les hommes ne s'entendent pas parce qu'ils ne parlent pas la même langue et qu'il y a des langues qui ne s'apprennent pas.

Et pourtant en mathématiques ils ont coutume de s'entendre ; mais c'est justement grâce à ce que j'ai appelé les vérifications ; elles jugent en dernier ressort et devant elles tout le monde s'incline. Mais là où ces vérifications font défaut, les mathématiciens ne sont pas plus avancés que de simples philosophes. Quand il s'agit de savoir si un théorème peut avoir un sens sans être vérifiable, qui pourra juger puisque par définition on s'interdit de vérifier ? On n'aurait plus de ressource que d'acculer son adversaire à une contradiction. Mais l'expérience a été faite et elle n'a pas réussi.

On a signalé beaucoup d'antinomies, et le désaccord a subsisté, personne n'a été convaincu ; d'une contradiction, on peut toujours se tirer par un coup de pouce ; je veux dire par un *distinguo*.

CHAPITRE VI

L'HYPOTHÈSE DES QUANTA

On peut se demander si la Mécanique n'est pas à la veille d'un nouveau bouleversement ; récemment s'est réuni à Bruxelles un Congrès où étaient assemblés une vingtaine de physiciens de diverses nationalités, et, à chaque instant, on aurait pu les entendre parler de la Mécanique nouvelle qu'ils opposaient à la Mécanique ancienne ; or, qu'était-ce que cette Mécanique ancienne ? Était-ce celle de Newton, celle qui régnait encore sans conteste à la fin du XIXe siècle ? Non, c'était la Mécanique de Lorentz, celle du principe de relativité, celle qui, il y a cinq ans à peine, paraissait le comble de la hardiesse.

Cela veut-il dire que cette Mécanique de Lorentz n'a eu qu'une fortune éphémère, qu'elle n'a été qu'un caprice de la mode et qu'on est sur le point de revenir aux anciens dieux qu'on avait imprudemment délaissés ? Pas le moins du monde, les conquêtes d'hier ne sont pas compromises ; en tous les points où elle s'écarte de celle de Newton, la Mécanique de Lorentz subsiste. On continue à croire qu'aucun corps mobile ne pourra jamais dépasser la vitesse de la lumière, que la masse d'un corps n'est pas une constante, mais qu'elle dépend de sa vitesse et de l'angle que fait cette vitesse avec la force qui agit sur lui, qu'aucune expérience ne pourra jamais décider si un corps est en repos ou en mouvement absolu, soit par rapport à l'espace absolu, soit même par rapport à l'éther.

Seulement à ces hardiesses, on veut en ajouter d'autres, et beaucoup plus déconcertantes. On ne se demande plus seulement si les équations différentielles de la Dynamique doivent être modifiées, mais si les lois du mouvement pourront encore être exprimées par des équations différentielles. Et ce serait là la révolution la plus profonde que la Philosophie Naturelle ait subie depuis Newton. Le clair génie de Newton avait bien vu (ou cru voir, nous commençons à nous le demander) que l'état d'un système mobile, ou plus généralement celui de l'univers, ne pouvait dépendre que de son état immédiatement antérieur, que toutes les variations dans la nature doivent se faire d'une manière continue. Certes, ce n'était pas lui qui avait inventé cette idée ; elle se trouvait dans la pensée des anciens et des scolastiques, qui proclamaient l'adage : *Natura non facit saltus* ; mais elle y était étouffée par une foule de mauvaises herbes qui l'empêchaient de se développer et que les grands philosophes du XVIIe siècle ont fini par élaguer.

Eh bien, c'est cette idée fondamentale qui est aujourd'hui en question ; on se demande s'il ne faut pas introduire dans les lois naturelles des discontinuités, non pas apparentes, mais essentielles, et nous devons expliquer d'abord comment on a pu être conduit à une façon de voir aussi extraordinaire.

§ 1. — THERMODYNAMIQUE ET PROBABILITÉ

Reportons-nous à la théorie cinétique des gaz ; les gaz sont formés de molécules qui circulent dans tous les sens avec de grandes vitesses ; leurs trajectoires seraient rectilignes si de temps en temps elles ne se choquaient entre elles, ou si elles ne heurtaient les parois du vase. Les hasards de ces chocs finissent par établir une certaine distribution moyenne des vitesses, soit que l'on considère leur direction, soit que l'on envisage leur grandeur ; cette distribution moyenne tend à se rétablir d'elle-même dès qu'elle est troublée ; de sorte que, malgré la complication inextricable des mouvements, l'observateur qui ne peut voir que des moyennes n'aperçoit que des lois très simples qui sont l'effet du jeu des probabilités et des grands nombres. Il observe *l'équilibre statistique*. C'est ainsi par exemple que les vitesses seront également réparties dans toutes les directions, car si elles cessaient un instant de l'être, si elles tendaient à prendre une direction commune, les chocs au bout de très peu de temps la leur auraient fait perdre.

Le calcul conduit à une autre conséquence ; la force vive que va prendre *en moyenne* chaque molécule est proportionnelle au nombre de ses degrés de liberté ; je m'explique ; un corps peut prendre un certain nombre de mouvements très petits, différents ; par exemple, un point matériel peut se mouvoir suivant les trois axes, il a trois degrés de liberté ; une sphère peut subir une translation parallèle à chacun des trois axes, ou encore une rotation autour de ces trois axes, elle a six degrés de liberté. Or, une molécule n'est pas un simple point matériel, elle est susceptible de déformation, elle aura donc plusieurs degrés de liberté ; par exemple une molécule d'argon en aura 3, une molécule d'oxygène en aura 5. Alors, d'après la loi que nous énonçons et que l'on appelle la *loi d'équipartition*, si dans l'équilibre statistique une molécule d'argon possède à une certaine température la force vive 3, une molécule d'oxygène devra posséder la force vive 5 ; en d'autres termes, les chaleurs spécifiques moléculaires à volume constant de l'argon et de l'oxygène devront être entre elles comme 3 est à 5.

Et cette loi, convenablement interprétée, n'est pas seulement vraie des gaz ; elle résulte en effet de la forme même que l'on a toujours attribuée aux équations de la Dynamique et qui est la forme de Hamilton. Si les lois générales de la Dynamique sont applicables aux liquides et aux solides, ces corps doivent obéir à la loi d'équipartition, *mutatis mutandis*.

Le principe de Carnot, ou second principe de la Thermodynamique, nous apprend que le monde tend vers un état final dont il ne pourra plus s'écarter ; il nous apprend donc que l'équilibre statistique est possible ; s'il ne l'était pas, on pourrait toujours trouver quelque artifice permettant de réaliser ce qu'on a appelé le mouvement perpétuel de seconde espèce, permettant par exemple de chauffer une machine à vapeur avec de la glace, en profitant de ce que cette glace, quelque froide qu'elle soit, n'est pourtant pas au zéro absolu et contient, par conséquent, une certaine quantité de chaleur. Si les lois de l'équilibre statistique n'étaient pas les mêmes quand on met en présence les corps A et B, ou bien les corps B et C, ou bien enfin les corps C et A, il serait aisé, en rapprochant tantôt deux de ces corps, tantôt deux autres, de changer sans cesse les conditions de cet équilibre ; ces corps ne connaîtraient ainsi jamais le repos définitif, et il n'y aurait pas d'équilibre statistique véritable ; le principe de Carnot serait faux.

Par quelle singulière coïncidence les conditions de cet équilibre sont-elles donc toujours les mêmes, quels que soient les corps mis en présence ? les considérations qui précèdent nous le font comprendre, c'est parce que les lois générales de la Dynamique, exprimées par les équations différentielles de Hamilton, s'appliquent à tous les corps.

Ces conceptions avaient jusqu'ici toujours été confirmées par l'expérience, et les vérifications sont aujourd'hui assez nombreuses pour qu'on ne puisse les attribuer au hasard. Il faudra donc, si de nouvelles expériences mettent des exceptions en évidence, non pas abandonner la théorie, mais la modifier, l'élargir de façon à lui permettre d'embrasser les faits nouveaux.

Ce n'est pas que certaines objections ne se soient, dès le premier jour, présentées à tous les esprits. Les molécules, les atomes eux-mêmes, ne sont pas des points matériels; s'ils ont des dimensions, est-il permis de les assimiler à des corps *absolument* rigides ; ou bien quelque simple que soit la molécule d'argon, ce ne pourra être un point mathématique, ce sera une sphère ; pourquoi cette sphère ne pourra-t-elle pas tourner, et si elle tourne, cela fera 6 degrés de liberté au lieu de 3[2]. A moins que l'on ne suppose que les chocs, capables de modifier la translation de la molécule, sont absolument sans influence sur sa rotation ; qu'ils ne peuvent faire subir à cette molécule la moindre déformation, etc. D'ailleurs, chaque raie du spectre correspond à un degré de liberté. Inutile de dire que le spectre de l'oxygène comprend plus de 5 raies. Pourquoi certains degrés de liberté ne semblent-ils jouer aucun rôle; pourquoi sont-ils pour ainsi dire ankylosés tant que n'interviennent pas de mystérieuses circonstances ?

§ 2. — LA LOI DU RAYONNEMENT

Les physiciens ne se préoccupèrent pas d'abord de ces difficultés, mais deux faits nouveaux vinrent changer la face des choses ; le premier, c'est ce qu'on appelle la loi du *rayonnement noir*. Un corps parfaitement noir est celui dont le coefficient d'absorption est égal à 1 ; un pareil corps porté à l'incandescence émet de la lumière de toutes les longueurs d'onde, et l'intensité de cette lumière varie suivant une certaine loi en fonction de la température et de la longueur d'onde. L'observation directe n'est pas possible, parce qu'il n'y a pas de corps parfaitement noirs, mais il y a un moyen de tourner la difficulté : on peut enfermer le corps incandescent dans une enceinte entièrement fermée ; la lumière qu'il émet ne peut s'échapper et subit une série de réflexions jusqu'à ce qu'elle soit entièrement absorbée ; quand l'état d'équilibre est atteint, la température de l'enceinte est devenue uniforme et l'enceinte est remplie d'un rayonnement qui suit la loi du rayonnement noir.

Il est clair que c'est un cas d'équilibre statistique, les échanges d'énergie s'étant poursuivis jusqu'à ce que chaque partie du système gagne en moyenne, dans un court espace de temps, exactement ce qu'elle perd. Mais c'est ici que la difficulté commence. Les molécules matérielles contenues dans l'enceinte sont en nombre fini, quoique très grand, et elles n'ont qu'un nombre fini de degrés de liberté ; au contraire, l'éther en a une infinité, car il peut vibrer d'une infinité de manières correspondant aux diverses longueurs d'onde avec lesquelles l'enceinte est en résonance. Si la loi d'équipartition s'appliquait, l'éther devrait donc prendre toute l'énergie et ne rien laisser à la matière.

On pourrait restreindre la liberté de l'éther en lui imposant des liaisons, qui le rendraient par exemple incapable de transmettre les ondes trop courtes ; on échapperait ainsi à la contradiction signalée, mais on arriverait encore à une loi, qui pour n'être plus absurde, serait encore contredite par l'expérience ; c'est la loi de Rayleigh, d'après laquelle l'énergie rayonnée, pour une longueur donnée, serait proportionnelle à la température absolue et pour une température donnée, en raison inverse de la quatrième puissance de la longueur d'onde.

La loi véritable, démontrée par l'expérience, est la loi de Planck ; le rayonnement est beaucoup moindre pour les petites longueurs d'onde, ou pour les basses températures, que ne l'exige la loi de Rayleigh, conforme à la loi d'équipartition.

Le second fait résulte de la mesure des chaleurs spécifiques des corps solides aux très basses températures, dans l'air ou dans l'hydrogène liquides. Ces chaleurs spécifiques, loin d'être sensiblement constantes, diminuent rapidement comme pour s'annuler au zéro absolu. Tout se passe comme si ces molécules perdaient des degrés de liberté en se refroidissant, comme si quelques-unes de leurs articulations finissaient par geler.

§ 3. — LES QUANTA D'ÉNERGIE

L'explication de ces phénomènes doit être cherchée sans faire table rase des principes de la Thermodynamique ; il faut avant tout admettre la possibilité de l'équilibre statistique sans quoi il ne resterait rien du principe de Carnot ; on ne peut admettre, dans la Thermodynamique, aucune brèche sans que tout s'écroule. M. Jeans a cherché à tout concilier en supposant que ce que nous observons n'est pas l'équilibre statistique définitif, mais une sorte d'équilibre provisoire. Il est difficile d'adopter cette manière de voir ; sa théorie, ne prévoyant rien, n'est pas contredite par l'expérience, mais elle laisse sans explication toutes les lois connues qu'elle se borne à ne pas contredire et qui n'apparaissent plus que comme l'effet de je ne sais quel heureux hasard.

M. Planck a cherché une autre explication de la loi qu'il avait découverte ; d'après lui, il s'agit d'un véritable équilibre, et, s'il n'est pas conforme à la loi d'équipartition, c'est que les équations de Hamilton ne sont pas exactes. Pour arriver à la loi expérimentale, il faut introduire dans ces équations une modification bien surprenante. Comment devons-nous nous représenter un corps rayonnant ? Nous savons qu'un résonateur de Hertz envoie dans l'éther des ondes hertziennes qui ne sont autre chose que des ondes lumineuses ; un corps incandescent sera donc regardé comme contenant un très grand nombre de petits résonateurs. Quand le corps s'échauffe, ces résonateurs acquièrent de l'énergie, se mettent à vibrer et par conséquent à rayonner.

L'hypothèse de M.Planck consiste à supposer que chacun de ces résonateurs ne peut acquérir ou perdre de l'énergie que par *sauts brusques*, de telle façon que la provision d'énergie qu'il possède doit toujours être un multiple d'une même quantité constante appelée quantum, qu'elle doit se composer d'un nombre entier de *quanta*. Cette unité indivisible, ce quantum n'est pas le même pour tous les résonateurs, il est en raison inverse de la longueur d'onde, de sorte que les résonateurs à courte période ne peuvent avaler de l'énergie que par gros morceaux tandis que les résonateurs à longue période peuvent l'absorber ou la dégager par petites bouchées. Qu'en résulte-t-il ? Il faut de grands efforts pour ébranler un résonateur à courte période, puisqu'il faut au moins une quantité d'énergie égale à son quantum qui est grand ; il y a donc de grandes chances pour que ces résonateurs restent en repos, surtout si la température est basse, et c'est pour cette raison qu'il y aura relativement peu de lumière à courte longueur d'onde dans le rayonnement noir.

Cette hypothèse rend bien compte des faits pourvu que l'on admette que la relation entre l'énergie du résonateur et son rayonnement soit la même que dans les théories anciennes. Et c'est là une première difficulté ; pourquoi conserver cela après avoir tout détruit ? Mais il faut bien conserver quelque chose, sans quoi on ne saurait sur quoi bâtir.

La diminution des chaleurs spécifiques s'explique de même ; quand la température s'abaisse, un très grand nombre de vibrateurs tombent au-dessous de leur quantum, et, au lieu de vibrer peu, ne vibrent plus du tout, de sorte que l'énergie totale diminue plus vite que dans les anciennes théories. Cela n'est qu'un aperçu qualitatif mais il ne faut pas donner un nombre exagéré de coups de pouce pour obtenir une concordance quantitative suffisante.

§ 4. — DISCUSSION DE L'HYPOTHÈSE PRÉCÉDENTE

L'équilibre statistique ne peut s'établir que s'il y a échange d'énergie entre les résonateurs, sans quoi chaque résonateur conserverait indéfiniment son énergie initiale qui est arbitraire, et la distribution finale n'obéirait à aucune loi. Cet échange ne pourrait se faire par rayonnement si les résonateurs étaient fixes et enfermés dans une enceinte fixe.

En effet, chaque résonateur ne pourrait émettre ou absorber que de la lumière d'une longueur d'onde déterminée, il ne pourrait donc envoyer d'énergie qu'aux résonateurs de même période.

Il n'en est plus de même si l'on suppose que l'enceinte est déformable ou contient des corps mobiles. Et en effet la lumière en se réfléchissant sur un miroir mobile change de longueur d'onde en vertu du célèbre principe de Döppler-Fizeau. Et c'est là un premier mode d'échange par rayonnement.

Il y en a un second ; les résonateurs peuvent réagir mécaniquement l'un sur l'autre, soit directement, soit plutôt par l'intermédiaire d'atomes mobiles et d'électrons qui circulent de l'un à l'autre et viennent les choquer. C'est l'échange par chocs. C'est celui que j'ai étudié récemment, retrouvant et confirmant les résultats de M. Planck.

Ainsi que je l'ai expliqué plus haut, il est nécessaire que tous les modes d'échange de l'énergie conduisent aux mêmes conditions d'équilibre statistique, sans quoi le principe de Carnot serait en défaut. Cela est nécessaire pour rendre compte de l'expérience, mais encore faut-il qu'on puisse donner de cette surprenante concordance une explication satisfaisante, qu'on ne soit pas forcé de l'attribuer à une sorte de hasard providentiel. Dans l'ancienne Mécanique, cette explication était toute trouvée, c'était l'universalité des équations de Hamilton ; allons-nous retrouver ici quelque chose d'analogue ?

Je n'ai pas encore terminé l'étude de l'échange par rayonnement, et je ne sais pas encore si l'on connait toutes les conditions d'équilibre auxquelles conduit ce mode d'échange ; je ne serais pas étonné qu'on en découvrît de nouvelles qui pourraient nous causer quelques embarras.

Pour le moment, il y en a une que nous ont révélée les travaux de M. Wien ; c'est ce qu'on appelle la loi de Wien d'après laquelle le produit de l'énergie du rayonnement par la cinquième puissance de la longueur d'onde ne dépend plus que de la température multipliée par la longueur d'onde.

On voit tout de suite que, pour que cette loi de Wien soit compatible avec l'équilibre statistique dû à l'échange par chocs, il faut que, dans cet échange par chocs, l'énergie ne puisse varier que par quanta *inversement proportionnels à la longueur d'onde*. C'est là une propriété *mécanique* des résonateurs, qui est évidemment tout à fait indépendante du principe de Döppler-Fizeau et on ne comprend pas bien par suite de quelle mystérieuse harmonie préétablie, ces résonateurs ont été doués de la seule propriété mécanique qui pouvait convenir. Si l'équilibre statistique est invariable, ce n'est plus pour une raison unique et universelle, c'est par le concours de circonstances multiples et indépendantes.

Dans le mode d'exposition de M. Planck, cette dualité des modes d'échange n'apparaît pas, mais elle n'est que dissimulée et je croyais nécessaire d'attirer l'attention sur ce point.

Cette difficulté n'est pas la seule ; un résonateur ne peut céder d'énergie à un autre que par multiples entiers de son quantum; celui-ci ne peut en recevoir que par multiples entiers de son quantum à lui ; comme ces deux quanta seront généralement incommensurables, cela suffit pour exclure la possibilité d'un échange direct, mais l'échange peut se faire par l'intermédiaire des atomes, à supposer que l'énergie de ces atomes puisse varier d'une manière continue.

Ce n'est pas là le plus grave ; les résonateurs doivent perdre ou gagner chaque quantum *brusquement* ou plutôt il faut qu'ils gagnent leur quantum tout entier ou qu'ils ne gagnent rien. Mais il leur faut cependant un certain temps pour le gagner ou pour le perdre ; c'est ce qu'exige le phénomène des interférences. Deux quanta émis par un même résonateur à des instants différents ne sauraient interférer entre eux. Les deux émissions devraient en effet être regardées comme deux phénomènes indépendants et il n'y aurait aucune raison pour que l'intervalle de temps qui les sépare fût constant. Cela est même impossible ; cet intervalle doit être plus grand si la lumière est faible que si elle est intense ; à moins que l'on ne suppose que l'intervalle est constant, que chaque émission peut consister en plusieurs quanta et que l'intensité dépend du nombre des quanta émis à la fois. Mais cela non plus ne peut aller ; l'intervalle doit être petit par rapport à une période pour cadrer avec les observations d'interférence ; la valeur du quantum résulte de la formule même de Planck ; nous aurions donc un minimum de l'intensité possible de la lumière, et on a observé des émissions de lumière inférieures à ce minimum.

C'est donc bien chaque quantum qui interfère avec lui-même ; il est donc nécessaire que, mis une fois sous la forme de vibrations lumineuses de l'éther, il se divise en plusieurs parties, que certaines parties soient en retard sur les autres de plusieurs longueurs d'onde et par conséquent qu'elles n'aient pas été émises en même temps.

Il semble qu'il y ait là une contradiction ; peut-être n'est-elle pas insoluble. Imaginons un système formé d'un certain nombre d'excitateurs de Hertz, tous identiques ; chacun d'eux est chargé par une source d'électricité et dès que sa charge a atteint une certaine valeur, l'étincelle éclate, l'émission commence et rien désormais ne peut plus l'arrêter, jusqu'à ce que l'excitateur soit entièrement déchargé ; il faut donc qu'il perde son quantum tout entier, ou qu'il ne perde rien (le quantum c'est ici la quantité d'énergie qui correspond au potentiel explosif). Mais ce quantum n'est pas perdu brusquement, chaque émission dure un certain temps et les ondes émises sont susceptibles d'interférences régulières.

M. Planck a supposé que la relation entre l' énergie d'un résonateur et son rayonnement était la même que dans l'Électrodynamique de Maxwell ; on pourrait renoncer à cette hypothèse, et supposer que les chocs mécaniques se font d'après les lois anciennes. La répartition de l'énergie entre les résonateurs se ferait alors d'après la loi de l'équipartition, mais les résonateurs à courte période rayonneraient moins à énergie égale. On pourrait alors rendre compte de la loi du rayonnement, mais on n'expliquerait pas les anomalies des chaleurs spécifiques aux basses températures, à moins que l'on n'admette que l'échange par chocs n'est plus possible pour les solides très froids, et que leurs molécules n'échangent plus de chaleur que par rayonnement à petite distance.

On pourrait aller plus loin, supposer qu'il n'y a jamais de choc, que toutes les forces dites mécaniques sont d'origine électromagnétique ; qu'elles sont dues à des actions à distance, explicables elles-mêmes par le rayonnement. Il faudrait alors ne laisser subsister que le mode d'échange par rayonnement et par le jeu du principe de Döppler-Fizeau ; peut-être alors serait-on conduit ainsi à des hypothèses très différentes de celle des quanta.

§ 5. — LES QUANTA D'ACTION

La nouvelle conception est séduisante par un certain côté ; depuis quelque temps la tendance est à l'atomisme, la matière nous apparaît comme formée d'atomes indivisibles, l'électricité n'est plus continue, elle n'est plus divisible à l'infini, elle se résout en électrons tous de même charge, tous pareils entre eux ; nous avons aussi depuis quelque temps le magnéton, ou atome de magnétisme. À ce compte, les quanta nous apparaissent comme des *atomes d'énergie*. Malheureusement la comparaison ne se poursuit pas jusqu'au bout. Un atome d'hydrogène, par exemple, est véritablement invariable, il conserve toujours la même masse, quel que soit le composé dans lequel il entre comme élément ; les électrons conservent de même leur individualité à travers les vicissitudes les plus diverses ; en est-il de même des soi-disant atomes d'énergie ? Nous avons par exemple 3 quanta d'énergie sur un résonateur dont la longueur d'onde est 3 ; cette énergie passe sur un second résonateur dont la longueur d'onde est 5 ; elle représente alors non plus 3, mais 5 quanta, puisque le quantum du nouveau résonateur est plus petit et que, dans la transformation, le nombre des atomes et la grandeur de chacun d'eux a changé.

Voilà pourquoi la théorie n'est pas encore satisfaisante pour l'esprit; il faut d'ailleurs expliquer *pourquoi* le quantum d'un résonateur est en raison inverse de la longueur d'onde, et c'est ce qui a décidé M. Planck à modifier le mode d'exposition de ses idées ; mais ici, je suis un peu embarrassé, je ne voudrais ni trahir M. Planck en dépassant sa pensée, en allant plus loin qu'il n'a voulu aller, ni ne pas montrer où il me semble qu'il nous conduit. Je vais donc d'abord traduire son texte aussi exactement que possible, tout en le résumant un peu. Je rappelle d'abord que l'étude de l'équilibre thermodynamique a été ramenée à une question de statistique et de probabilité. « La probabilité d'une variable continue s'obtient en envisageant des domaines élémentaires indépendants, d'égale probabilité... Dans la dynamique classique, en se sert, pour trouver ces domaines élémentaires, de ce théorème que deux états physiques dont l'un est l'effet nécessaire de l'autre sont également probables. Dans un système physique, si on représente par q une des coordonnées généralisées, par p le moment correspondant, d'après le théorème de Liouville, le domaine $\iint dp\,dq$ considéré à un instant quelconque est un invariant par rapport au temps, si *q* et *p* varient conformément aux équations de Hamilton. D'autre part, *p* et *q* peuvent, à un instant donné, prendre toutes les valeurs possibles, indépendamment l'un de l'autre. D'où il suit que le domaine élémentaire de probabilité est infiniment petit de la grandeur ***dp dq***... La nouvelle hypothèse doit avoir pour but de restreindre la variabilité de *p* et de *q*, de telle façon que ces variables ne varient plus que par sauts, ou qu'elles soient regardées comme liées en partie l'une à l'autre. On arrive ainsi à réduire le nombre des domaines élémentaires de probabilité, de sorte que l'étendue de chacun d'eux se trouve augmentée. L'hypothèse des quanta d'action consiste à supposer que ces domaines, tous égaux entre eux, ne sont plus infiniment petits, mais finis et que l'on a pour chacun d'eux

$$\iint dp\,dq = h$$

h étant une constante. »

Je crois nécessaire de compléter cette citation par quelques explications ; je ne puis expliquer ici ce que c'est que l'action, les coordonnées généralisées et les moments, ni les diverses intégrales que M. Planck fait entrer en ligne ; je me bornerai à dire que l'élément d'énergie est égal au produit de la fréquence par l'élément d'action ; et, si le quantum d'énergie est proportionnel à la fréquence, comme nous l'avons dit, c'est parce que le quantum d'action est une constante universelle, un véritable atome.

Mais il faut que je cherche à éclaircir ce que c'est que les domaines élémentaires de probabilité. Ces domaines sont indivisibles ; c'est-à-dire que dès que nous savons que nous sommes dans un de ces domaines, tout est par là déterminé ; sans quoi, si les événements qui doivent suivre n'étaient pas par ce fait entièrement connus, s'ils devaient différer selon que nous nous trouverions dans telle ou telle partie de ce domaine, c'est que ce domaine ne serait pas indivisible au point de vue de la probabilité puisque la probabilité de certains événements futurs ne serait pas la même dans ses diverses parties.

Cela revient à dire que tous les états du système qui correspondent à un même domaine ne peuvent être discernés entre eux, qu'ils constituent un seul et même état, et nous sommes ainsi conduits à l'énoncé suivant, plus précis que celui de M. Planck et qui n'est pas, je crois, contraire à sa pensée.

Un système physique n'est susceptible que d'un nombre fini d'états distincts; il saute d'un de cet états à l'autre sans passer par une série continue d'états intermédiaires.

Supposons pour simplifier que l'état du système dépende de trois paramètres seulement, de sorte que nous puissions le représenter géométriquement par un point de l'espace. L'ensemble des points représentatifs des divers états possibles ne sera pas alors l'espace tout entier, ou une région de cet espace ainsi qu'on le suppose d'ordinaire ; ce seront un très grand nombre de points isolés parsemant l'espace. Ces points, il est vrai, sont très serrés, ce qui nous donne l'illusion de la continuité.

Tous ces états doivent être regardés comme également probables. En effet, si nous admettons le déterminisme, à chacun de ces états doit nécessairement succéder un autre état, exactement aussi probable, puisqu'il est certain que le premier entraîne le second. On verrait ainsi de proche en proche que si nous partons d'un état initial, tous les états auxquels nous parviendrons un jour ou l'autre sont tous également probables ; les autres ne doivent pas être regardés comme des états possibles.

Mais nos points représentatifs isolés ne doivent pas être distribués dans l'espace d'une façon quelconque ; ils doivent l'être de telle sorte qu'en les observant avec nos sens grossiers, nous ayons pu croire aux lois communes de la Dynamique et par exemple à celles de Hamilton. Une comparaison, qui serre la réalité de beaucoup plus près qu'il ne paraît, m'aidera peut-être à me faire comprendre. Nous observons un liquide, et nos sens nous invitent d'abord à croire que c'est de la matière continue ; une expérience plus précise nous montre que ce liquide est incompressible, de telle sorte que le volume d'une portion quelconque de matière demeure constant. Des raisons quelconques nous portent ensuite à penser que ce liquide est formé de molécules très petites et très nombreuses, mais discrètes ; nous ne pourrons plus cependant imaginer une distribution de ces molécules en n'imposant aucune entrave à notre fantaisie ; il faudra, à cause de l'incompressibilité, supposer que deux petits volumes égaux contiennent le même nombre de molécules.

Pour la distribution des états possibles, M. Planck se trouve soumis à une restriction analogue, et c'est ce qu'il exprime par les équations que j'ai citées plus haut, et que je ne puis expliquer ici davantage.

On pourrait, il est vrai, imaginer des hypothèses mixtes ; supposons encore que le système physique ne dépende que de trois paramètres et que son état puisse être représenté par un point de l'espace. L'ensemble des points représentatifs des états possibles pourra n'être ni une région de l'espace, ni un essai in de points isolés ; il pourra se composer d'un grand nombre de petites surfaces ou de petites courbes séparées les unes des autres ; soit par exemple que l'un des points matériels du système puisse décrire seulement certaines trajectoires ; mais les décrire d'une manière continue sauf quand il saute d'une trajectoire à l'autre sous l'influence des points voisins : cela pourra être le cas des résonateurs dont nous avons parlé plus haut; ou bien encore, l'état de la matière pondérable pourrait varier d'une manière discontinue, avec un nombre fini d'états possibles seulement, tandis que l'état de l'éther varierait d'une manière continue. Rien de tout cela ne serait incompatible avec la pensée de M. Planck.

Mais on préférera sans doute la première solution, la solution franche à toutes ces hypothèses bâtardes ; seulement il faut se rendre compte des conséquences que cela entraîne ; ce que nous avons dit devrait s'appliquer à un système isolé quelconque et même à l'univers. L'univers sauterait donc brusquement d'un état à l'autre ; mais dans l'intervalle il demeurerait immobile, les, divers instants pendant lesquels il resterait dans le même état ne pourraient plus être discernés l'un de l'autre ; nous arriverions ainsi à la variation discontinue du temps, *à l'atome de temps.*

§ 6. — LA NOUVELLE THÉORIE DE PLANCK

Revenons à des problèmes moins généraux et plus précis, par exemple à la théorie du rayonnement. M. Planck a imaginé une modification à sa première théorie et je voudrais en dire quelques mots. D'après ses nouvelles idées, l'émission de la lumière se ferait brusquement par quanta, mais l'absorption serait continue. Il a voulu ainsi échapper à la difficulté suivante qui lui a, je ne sais pourquoi, paru plus embarrassante en ce qui concerne l'absorption. La lumière arrive sur chaque résonateur d'une façon continue ; si elle ne peut être absorbée que quantum par quantum, il faut que l'énergie s'accumule dans une sorte d'antichambre du résonateur, jusqu'à ce qu'il y en ait assez pour entrer. Dans la seconde théorie, cette difficulté disparaît, mais il faut toujours une salle d'attente pour l'énergie qui sort, puisque l'éther ne peut la transmettre que par fractions infiniment petites.

Dans la nouvelle théorie, les résonateurs conserveront un résidu d'énergie même au zéro absolu. Si nous adoptons la nouvelle manière de voir de M. Planck, il faut alors modifier la relation entre l'énergie du corps rayonnant et l'intensité de son rayonnement. Ce rayonnement n'est plus proportionnel à l'énergie, mais seulement à l'excès de cette énergie sur le résidu qui subsiste au zéro absolu.

Avouerai-je que je n'ai pas été entièrement satisfait de cette nouvelle hypothèse ? M. Planck ne parle que de l'émission et de l'absorption, et en parle comme si le résonateur était fixe; il n'est question ni de l'échange d'énergie par chocs, ni du principe de Döppler-Fizeau ; dans ces conditions, il ne peut donc y avoir de tendance vers un état final, c'est ce que j'ai dit plus haut ; la démonstration par laquelle on cherche à nous faire connaître cet état final n'est donc qu'un trompe-l'œil. L'auteur ne dit pas si les échanges par chocs sont continus comme l'absorption, ou discontinus comme l'émission, et quand on veut appliquer la théorie générale des échanges par chocs, on ne retrouve plus les résultats de M. Planck. Il convient donc de s'en tenir à ses premières idées.

§ 7. — LES IDÉES DE M. SOMMERFELD

M. Sommerfeld a proposé une théorie qu'il veut rattacher à celle de M. Planck, bien que le seul lien qu'il y ait entre elles, c'est que la lettre h figure dans les deux formules, et qu'on a donné le même nom de quantum d'action aux deux objets très différents que cette lettre représente.

Le choc des électrons ne suivrait pas du tout les mêmes lois que celui des corps complexes que nous connaissons et qui sont accessibles à l'expérience. Quand un électron rencontrerait un obstacle, il s'arrêterait d'autant plus vite que sa vitesse serait plus grande (si cette loi était applicable aux trains de chemin de fer, le problème du freinage se présenterait sous un jour nouveau). Et cela s'applique à la production des rayons X. Les rayons cathodiques sont des électrons en mouvement; ces électrons s'arrêtent en rencontrant l'anticathode ; cet arrêt brusque ébranle l'éther dont les vibrations produisent les rayons X. La théorie de M. Sommerfeld explique pourquoi les rayons X sont d'autant plus pénétrants et plus « durs » que la vitesse des rayons cathodiques était plus grande. Plus cette vitesse est grande, en effet, plus l'arrêt est brusque, plus, par conséquent, la perturbation de l'éther est intense et de courte durée.

§ 8. — CONCLUSIONS

On voit quel est l'état de la question ; les anciennes théories, qui semblaient rendre compte jusqu'ici de tous les phénomènes connus, se sont heurtées à un obstacle inattendu. Il a semblé qu'une modification s'imposait. Une hypothèse s'est d'abord présentée à l'esprit de M. Planck, mais tellement étrange qu'on était tenté de chercher tous les moyens de s'en affranchir ; ces moyens, on les a vainement cherchés jusqu'ici. Et cela n'empêche pas que la nouvelle théorie soulève une foule de difficultés, dont beaucoup sont réelles et ne sont pas de simples illusions dues à la paresse de notre esprit, qui répugne à changer ses habitudes.

Il est impossible, pour le moment, de prévoir quelle sera l'issus finale; trouvera-t-on une autre explication entièrement différente ? Ou bien, au contraire, les partisans de la nouvelle théorie parviendront-ils à écarter les obstacles qui Bons empêchent de l'adopter sans réserve ? La discontinuité va-t-elle régner sur l'univers physique et son triomphe est-il définitif ? ou bien reconnaîtra-t-on que cette discontinuité n'est qu'apparente et dissimule une série de processus continus. Le premier qui a vu un choc a cru observer un phénomène discontinu, et nous savons aujourd'hui qu'il n'a vu que l'effet de changements de vitesse très rapides, mais continus. Chercher dès aujourd'hui à donner un avis sur ces questions, ce serait perdre son encre.

CHAPITRE VII

LES RAPPORTS DE LA MATIÈRE ET DE L'ÉTHER[3]

Lorsque M. Abraham est venu me demander de clore la série des conférences organisées par la Société française de Physique, j'ai d'abord été sur le point de refuser ; il me semblait que chaque sujet avait été entièrement traité et que je ne pourrais rien ajouter à ce qui avait été si bien dit. Je ne pouvais que chercher à résumer l'impression qui semble se dégager de cet ensemble de travaux, et cette impression est tellement nette que chacun de vous a dû l'éprouver tout aussi bien que moi et que je ne saurais lui donner aucune clarté nouvelle en m'efforçant de l'exprimer par des phrases. Mais M. Abraham a insisté avec tant de bonne grâce que j'ai fini par me résigner à des inconvénients inévitables dont le plus grand est de redire ce que chacun de vous a depuis longtemps pensé et dont le moindre est de traverser une foule de sujets divers sans avoir le temps de m'y arrêter.

Une première réflexion a dû frapper tous les auditeurs ; les anciennes hypothèses mécanistes et atomistes ont pris dans ces derniers temps assez de consistance pour cesser presque de nous apparaître comme des hypothèses ; les atomes ne sont plus une fiction commode ; il nous semble pour ainsi dire que nous les voyons, depuis que nous savons les compter. Une hypothèse prend du corps et gagne en vraisemblance quand elle explique de nouveaux faits ; mais cela arrive de bien des façons ; le plus souvent elle doit s'élargir pour rendre compte des faits nouveaux ; mais tantôt elle perd en précision en s'élargissant, tantôt il est nécessaire de greffer sur elle une hypothèse accessoire qui s'y adapte d'une façon plausible, qui ne jure pas trop avec le porte-greffe, mais qui n'en est pas moins quelque chose d'étranger, d'imaginé tout exprès en vue du but à atteindre, qui est en un mot une sorte de coup de pouce ; dans ce cas on ne peut pas dire que l'expérience a confirmé l'hypothèse primitive, mais tout au plus qu'elle ne l'a pas contredite. Ou bien encore, il y a entre les faits nouveaux et les faits anciens, pour lesquels l'hypothèse avait été primitivement conçue, une connexion intime et de telle nature que toute hypothèse qui rend compte des uns doit par cela même rendre compte des autres, de telle sorte que les faits vérifiés ne sont nouveaux qu'en apparence.

Il n'en est plus de même quand l'expérience nous révèle une coïncidence que l'on aurait pu prévoir et qui ne saurait être due au hasard et surtout quand il s'agit d'une coïncidence numérique. Or, ce sont des coïncidences de ce genre qui sont venues dans ces derniers temps confirmer les idées atomistes.

La théorie cinétique des gaz a reçu pour ainsi dire des étais inattendus. De nouvelles venues se sont exactement calquées sur elle ; ce sont d'une part la théorie des solutions, et d'autre part la théorie électronique des métaux. Les molécules des corps dissous, de même que les électrons libres auxquels les métaux doivent leur conductibilité électrique, se comportent comme les molécules gazeuses dans les enceintes, où elles sont enfermées. Le parallélisme est parfait et on peut le poursuivre jusqu'à des coïncidences numériques, Par là ce qui était douteux devient probable ; chacune de ces trois théories, si elle était isolée, ne nous apparaîtrait que comme une hypothèse ingénieuse, à laquelle on pourrait substituer d'autres explications à peu près aussi vraisemblables ; mais, comme dans chacun des trois cas il faudrait une explication différente, les coïncidences constatées ne pourraient plus être attribuées qu'au hasard. ce qui est inadmissible, tandis que les trois théories cinétiques rendent ces coïncidences nécessaires. Et puis la théorie des solutions nous fait passer tout naturellement à celle du mouvement brownien où il est impossible de regarder l'agitation thermique comme une fiction de l'esprit, puisqu'on la voit directement sous le microscope.

Les brillantes déterminations du nombre des atomes faites par M. Perrin ont complété ce triomphe de l'atomisme. Ce qui entraîne notre conviction, ce sont les multiples concordances entre des résultats obtenus par des procédés entièrement différents. Il n'y a pas très longtemps, on se serait estimé heureux pourvu que les nombres trouvés eussent le même nombre de chiffres ; on n'aurait même pas exigé que le premier chiffre significatif fût le même ; ce premier chiffre est aujourd'hui acquis ; et ce qui est remarquable c'est qu'on s'est adressé aux propriétés les plus diverses de l'atome. Dans les procédés dérivant du mouvement brownien, ou dans ceux où l'on invoque la loi du rayonnement, ce ne sont pas les atomes que l'on a comptés directement, ce sont les degrés de liberté ; dans celui où l'on se sert du bleu du ciel, ce ne sont plus les propriétés mécaniques des atomes qui entrent en jeu, ils sont regardés comme des causes de discontinuité optique ; enfin quand on se sert du radium, ce que l'on compte, ce sont les émissions de projectiles. C'est à tel point que, s'il y avait eu des discordances, on n'aurait pas été embarrassé pour les expliquer, mais heureusement il n'y en a pas eu.

L'atome du chimiste est maintenant une réalité ; mais cela ne veut pas dire que nous sommes près de toucher les éléments ultimes des choses. Quand Démocrite a inventé les atomes, il les considérait comme des éléments absolument indivisibles et au delà desquels il n'y a plus rien à chercher. C'est cela que cela veut dire en grec ; et c'est d'ailleurs pour cela qu'il les avait inventés ; derrière l'atome, il ne voulait plus de mystère. L'atome du chimiste ne lui aurait donc pas donné satisfaction, car cet atome n'est nullement indivisible, il n'est pas un véritable élément, il n'est pas exempt de mystère ; cet atome est un monde. Démocrite aurait estimé qu'après nous être donné tant de mal pour le trouver, nous ne sommes pas plus avancés qu'au début ; ces philosophes ne sont jamais contents.

Car, et c'est là la seconde réflexion qui s'impose à nous, chaque nouvelle découverte de la physique nous révèle une nouvelle complication de l'atome. Et d'abord les corps que l'on croyait simples, et qui, à bien des égards, se comportent tout à fait comme des corps simples, sont susceptibles de se décomposer en corps plus simples encore. L'atome se désagrège en atomes plus petits. Ce qu'on appelle la radioactivité n'est qu'une perpétuelle désagrégation de l'atome. C'est ce qu'on a appelé quelquefois la transmutation des éléments, ce qui n'est pas tout à fait exact, puisqu'un élément ne se transforme pas en réalité en un autre, mais se décompose en plusieurs autres. Les produits de cette décomposition sont encore des atomes chimiques, analogues à bien des égards aux atomes complexes qui leur ont donné naissance en se désagrégeant, de sorte que le phénomène pourrait s'exprimer comme les réactions les plus banales, par une équation chimique, susceptible d'être acceptée sans trop de souffrances par le chimiste le plus conservateur.

Ce n'est pas tout, dans l'atome nous trouvons bien d'autres choses : nous y trouvons d'abord des électrons ; chaque atome nous apparaît alors comme une sorte de système solaire, où de petits électrons négatifs jouant le rôle de planètes gravitent autour d'un gros électron positif qui joue le rôle de soleil central. C'est l'attraction mutuelle de ces électricités de nom contraire qui maintient la cohésion du système et qui en fait un tout ; c'est elle qui règle les périodes des planètes, et ce sont ces périodes qui déterminent la longueur d'onde de la lumière émise par l'atome ; c'est à la self-induction des courants de convection produits par les mouvements de ces électrons que l'atome qui en est formé doit son inertie apparente et que nous appelons sa masse. Outre ces électrons captifs, il y a des électrons libres, ceux qui obéissent aux mêmes lois cinétiques que les molécules gazeuses, ceux qui rendent les métaux conducteurs. Ceux-là sont comparables aux comètes qui circulent d'un système stellaire à l'autre et qui établissent entre ces systèmes éloignés comme un libre échange d'énergie.

Mais nous ne sommes pas au bout : après les électrons ou atomes d'électricité, voici venir les magnétons ou atomes de magnétisme qui nous arrivent aujourd'hui par deux voies différentes, par l'étude des corps magnétiques et par l'étude du spectre des corps simples. Je n'ai pas à vous rappeler ici la belle conférence de M. Weiss et les étonnants rapports de commensurabilité que ces expériences ont mis en évidence d'une façon si inattendue. Là aussi il y a des rapports numériques que l'on ne saurait attribuer au hasard et dont il faut chercher l'explication.

En même temps il faut expliquer les lois si curieuses de la répartition des raies dans le spectre. D'après les travaux de Balmer, de Runge, de Kaiser, de Rydberg, ces raies se répartissent en séries et dans chaque série obéissent à des lois simples. La première pensée est de rapprocher ces lois de celles des harmoniques. De même qu'une corde vibrante a une infinité de degrés de liberté, ce qui lui permet de donner une infinité de sons dont les fréquences sont les multiples de la fréquence fondamentale ; de même qu'un corps sonore de forme complexe donne aussi des harmoniques, dont les lois sont analogues, quoique beaucoup moins simples, de même qu'un résonateur de Hertz est susceptible d'une infinité de périodes différentes, l'atome ne pourrait-il donner, pour des raisons identiques, une infinité de lumières différentes ? Vous savez que cette idée si simple a fait faillite, parce que, d'après les lois spectroscopiques, c'est la fréquence et non son carré dont l'expression est simple ; parce que la fréquence ne devient pas infinie pour les harmoniques de rang infiniment élevé. L'idée doit être modifiée ou elle doit être abandonnée. Jusqu'ici elle a résisté à toutes les tentatives, elle a refusé de s'adapter ; c'est ce qui a conduit M. Ritz à l'abandonner. Il se représente alors l'atome vibrant comme formé d'un électron tournant et de plusieurs magnétons placés bout à bout. Ce n'est plus l'attraction électrostatique mutuelle des électrons qui règle les longueurs d'onde, c'est le champ magnétique créé par ces magnétons.

On a quelque peine à accepter cette conception qui a je ne sais quoi d'artificiel; mais il faut bien qu'on s'y résigne, au moins provisoirement, puisque jusqu'ici on n'a rien trouvé d'autre et que cependant on a bien cherché. Pourquoi des atomes d'hydrogène peuvent-ils donner plusieurs raies ? Ce n'est pas parce que chacun d'eux pourrait donner toutes les raies du spectre de l'hydrogène, et qu'il donne effectivement l'une ou l'autre suivant les circonstances initiales du mouvement ; c'est parce qu'il y a plusieurs espèces d'atomes d'hydrogène, différant entre eux par le nombre des magnétons qui y sont alignés, et que chacune de ces espèces d'atomes donne une raie différente ; on se demande si ces atomes différents peuvent se transformer les uns dans les autres et comment. Comment un atome peut-il perdre des magnétons (et c'est ce qui semble arriver quand on passe d'une variété allotropique du fer à une autre) ? Est-ce que le magnéton peut sortir de l'atome ou bien une partie des magnétons peut-elle quitter l'alignement pour se disposer irrégulièrement ?

Cette disposition des magnétons bout à bout est aussi un trait singulier de l'hypothèse de Ritz ; les idées de M. Weiss doivent toutefois nous le faire paraître moins étrange. Il faut bien que les magnétons se disposent sinon bout à bout, au moins parallèlement, puisqu'ils s'ajoutent arithmétiquement ou au moins algébriquement, et non pas géométriquement.

Qu'est-ce maintenant qu'un magnéton ? Est-ce quelque chose de simple ? Non, si l'on ne veut pas renoncer à l'hypothèse des courants particulaires d'Ampère ; un magnéton est alors un tourbillon d'électrons et voilà notre atome qui se complique de plus en plus.

Toutefois ce qui, mieux que toute autre chose, nous fait mesurer la complexité de l'atome, c'est la réflexion que faisait M. Debierne à la fin de sa conférence. Il s'agit d'expliquer la loi de la transformation radioactive ; cette loi est très simple, elle est exponentielle ; mais, si on réfléchit à sa forme, on voit que c'est une loi statistique ; on y reconnaît la marque du hasard. Or le hasard n'est pas dû ici à la rencontre fortuite d'autres atomes et d'autres agents extérieurs. C'est à l'intérieur même de l'atome que se trouvent les causes de sa transformation, je veux dire la cause occasionnelle aussi bien que la cause profonde. Sans cela nous verrions les circonstances externes, la température par exemple, exercer une influence sur le coefficient du temps dans l'exposant ; or ce coefficient est remarquablement constant, et Curie propose de s'en servir pour la mesure du temps absolu.

Le hasard qui préside à ces transformations est donc un hasard interne ; c'est-à-dire que l'atome du corps radioactif est un monde et un monde soumis au hasard ; mais qu'on y prenne garde, qui dit hasard, dit grands nombres ; un monde formé de peu d'éléments obéira à des lois plus ou moins compliquées, mais qui ne seront pas des lois statistiques. Il faut donc que l'atome soit un monde complexe ; il est vrai que c'est un monde fermé (ou tout au moins presque fermé), il est à l'abri des perturbations extérieures que nous pouvons provoquer ; puisqu'il y a une statistique et par conséquent une thermodynamique interne de l'atome, nous pouvons parler de la température interne de cet atome ; eh bien ! elle n'a aucune tendance à se mettre en équilibre avec la température extérieure, comme si l'atome était enfermé dans une enveloppe parfaitement adiathermane. Et c'est précisément parce qu'il est fermé, parce que ses fonctions sont nettement tracées, gardées par des douaniers sévères, que l'atome est un individu.

Au premier abord, cette complexité de l'atome n'a rien de choquant pour l'esprit ; il semble qu'elle ne doive nous causer aucun embarras. Mais un peu de réflexion ne tarde pas à nous montrer les difficultés qui nous échappaient d'abord. Ce qu'on a compté, en comptant les atomes, ce sont les degrés de liberté ; nous avons implicitement supposé que chaque atome n'en a que trois ; c'est ce qui nous rend compte des chaleurs spécifiques observées ; mais chaque complication nouvelle devrait introduire un degré de liberté nouveau, et alors nous sommes loin de compte. Cette difficulté n'a pas échappé aux créateurs de la théorie de l'équipartition de l'énergie ; ils s'étonnaient déjà du nombre des raies du spectre ; mais, ne trouvant aucun moyen d'en sortir, ils ont eu la hardiesse de passer outre.

Ce qui semble l'explication naturelle, c'est justement que l'atome est un monde complexe, mais un monde fermé ; les perturbations extérieures n'ont aucune répercussion sur ce qui se passe en dedans et ce qui se passe en dedans n'agit pas sur le dehors ; cela ne saurait être tout à fait vrai, sans cela nous ignorerions toujours ce qui se passe en dedans, et l'atome nous apparaîtrait comme un simple point matériel ; ce qui est vrai, c'est qu'on ne peut voir le dedans que par une toute petite fenêtre, qu'il n'y a pas pratiquement d'échange d'énergies entre l'extérieur et l'intérieur et par conséquent pas de tendance à l'équipartition de l'énergie entre les deux mondes. La température interne, comme je le disais tout à l'heure, ne tend pas à se mettre en équilibre avec la température extérieure, et c'est pour cela que la chaleur spécifique est la même que si toute cette complexité interne n'existait pas. Supposons un corps complexe formé d'une sphère creuse dont la paroi interne serait absolument imperméable à la chaleur, et au dedans une foule de corps divers ; la chaleur spécifique observée de ce corps complexe sera celle de la sphère, comme si tous les corps qui sont enfermés dedans n'existaient pas.

La porte qui ferme le monde intérieur de l'atome s'entr'ouvre pourtant de temps en temps ; c'est ce qui arrive quand, par l'émission d'une particule d'hélium, l'atome se dégrade et descend d'un rang dans la hiérarchie radioactive. Que se passe-t-il alors ? En quoi cette décomposition diffère-t-elle des décompositions chimiques ordinaires ? En quoi l'atome d'uranium, formé d'hélium et d'autre chose, a-t-il plus de titres au nom d'atome que la demi-molécule de cyanogène, par exemple, qui se comporte à tant d'égards comme celle d'un corps simple, et qui est formée de carbone et d'azote ? C'est sans doute que la chaleur atomique de l'uranium obéirait (je ne sais si elle a été mesurée) à la loi de Dulong et Petit et qu'elle serait bien celle d'un atome simple ; elle devrait doubler alors au moment de l'émission de la particule d'hélium et quand l'atome primordial se décompose en deux atomes secondaires. Par cette décomposition, l'atome acquerrait de nouveaux degrés de liberté susceptibles d'agir sur le monde extérieur, et ces nouveaux degrés de liberté se traduiraient par un accroissement de chaleur spécifique. Quelle serait la conséquence de cette différence entre la chaleur spécifique totale des composants et celle des composés? C'est que la chaleur dégagée par cette décomposition devrait varier rapidement avec la température ; de sorte que la formation des molécules radioactives, très fortement endothermique à la température ordinaire, deviendrait exothermique à température élevée. On s'expliquerait mieux ainsi comment les composés radioactifs ont pu se former, ce qui ne laissait pas d'être un peu mystérieux.

Quoi qu'il en soit, cette conception de ces petits mondes fermés, ou seulement entr'ouverts, ne suffit pas pour résoudre le problème. Il faudrait que l'équipartition de l'énergie régnât sans contestation en dehors de ces mondes fermés, sauf au moment où l'une des portes s'entr'ouvrirait, et ce n'est pas ce qui arrive.

La chaleur spécifique des corps solides diminue rapidement quand la température s'abaisse, comme si quelques-uns de leurs degrés de liberté s'ankylosaient successivement, se gelaient pour ainsi dire, ou, si vous aimez mieux, perdaient tout contact avec l'extérieur et se retiraient à leur tour derrière je ne sais quelle enceinte, dans je ne sais quel monde fermé.

D'autre part, la loi du rayonnement noir n'est pas celle qu'exigerait la théorie de l'équipartition.

La loi qui s'adapterait à cette théorie serait celle de Rayleigh, et cette loi, qui d'ailleurs impliquerait contradiction, puisqu'elle conduirait à un rayonnement total infini, est absolument contredite par l'expérience. Il y a dans l'émission des corps noirs beaucoup moins de lumière à courte longueur d'onde que ne l'exigerait l'hypothèse de l'équipartition.

C'est pour cela que M. Planck a imaginé sa théorie des Quanta, d'après laquelle les échanges d'énergie entre la matière ordinaire et les petits résonateurs dont les vibrations engendrent la lumière des corps incandescents, ne pourraient se faire que par sauts brusques ; un de ces résonateurs ne pourrait acquérir d'énergie ou en perdre d'une manière continue ; il ne pourrait acquérir une fraction de quantum, il acquerrait un quantum tout entier ou rien du tout.

Pourquoi alors la chaleur spécifique d'un solide diminue-t-elle à basse température, pourquoi certains de ses degrés de liberté semblent-ils ne pas jouer ? C'est parce que la provision d'énergie qui leur est offerte à basse température n'est pas suffisante pour leur fournir un quantum à chacun ; certains d'entre eux n'auraient droit qu'à une fraction de quantum ; mais, comme ils veulent tout ou rien, ils n'ont rien et restent comme ankylosés.

De même dans le rayonnement, certains résonateurs, qui ne peuvent avoir le quantum entier, n'ont rien et restent immobiles ; de sorte qu'il y a beaucoup moins de lumière rayonnée à basse température qu'il n'y en aurait sans cette circonstance ; et comme le quantum exigé est d'autant plus grand que la longueur d'onde est plus petite, ce sont surtout les résonateurs à courte longueur d'onde qui demeurent muets, de sorte que la proportion de lumière à courte longueur d'onde est beaucoup plus petite que ne l'exigerait la loi de Rayleigh.

Déclarer qu'une semblable théorie soulève bien des difficultés, ce serait une grande naïveté ; quand on émet une idée aussi hardie, on s'attend bien à rencontrer des difficultés, on sait qu'on bouleverse toutes les opinions reçues et on ne s'étonne plus d'aucun obstacle, on s'étonnerait au contraire de n'en pas trouver devant soi. Aussi ces difficultés ne semblent-elles pas des objections valables.

J'aurai cependant le courage de vous en signaler quelques-unes et je ne choisirai pas les plus grosses, les plus évidentes, celles qui se présentent à tous les esprits, et en effet cela est bien inutile, puisque tout le monde y pense du premier coup ; je veux vous dire simplement par quelle série d'états d'âmes j'ai successivement passé.

Je me suis demandé d'abord quelle était la valeur des démonstrations proposées ; j'ai vu qu'on évaluait la probabilité des diverses répartitions de l'énergie, en les énumérant simplement, puisque, grâce à l'hypothèse faite, elles étaient en nombre fini, mais je ne voyais pas bien pourquoi on les regardait comme également probables. Ensuite on introduisait les relations connues entre la température, l'entropie et la probabilité ; cela supposait la possibilité de l'équilibre thermodynamique, puisque ces relations sont démontrées en supposant cet équilibre possible. Je sais bien que l'expérience nous apprend que cet équilibre est réalisable, puisqu'il est réalisé ; mais cela ne me suffisait pas, il fallait montrer que cet équilibre est compatible avec l'hypothèse faite et même qu'il en est une conséquence nécessaire. Je n'avais pas précisément des doutes, mais j'éprouvais le besoin de voir un peu plus clair, et pour cela il fallait pénétrer un peu dans le détail du mécanisme.

Pour qu'il puisse y avoir une répartition d'énergie entre les résonateurs de longueur d'onde différente dont les oscillations sont la cause du rayonnement, il faut qu'ils puissent échanger leur énergie ; sans cela la distribution initiale subsisterait indéfiniment et, comme cette distribution initiale est arbitraire, il ne saurait être question d'une loi du rayonnement. Or un résonateur ne peut céder à l'éther, et il n'en peut recevoir que de la lumière d'une longueur d'onde parfaitement déterminée. Si donc les résonateurs ne pouvaient réagir les uns sur les autres mécaniquement, c'est-à-dire sans l'intermédiaire de l'éther ; si d'autre part ils étaient fixes et enfermés dans une enceinte fixe, chacun d'eux ne pourrait émettre ou absorber que de la lumière d'une couleur déterminée, il ne pourrait donc échanger d'énergie qu'avec les résonateurs avec lesquels il serait en parfaite résonance, et la distribution initiale demeurerait inaltérable. Mais nous pouvons concevoir deux modes d'échange qui ne prêtent pas à cette objection. D'une part, des atomes, des électrons libres peuvent circuler d'un résonateur à l'autre, choquer un résonateur, lui communiquer et en recevoir de l'énergie. D'autre part, la lumière, en se réfléchissant sur des miroirs mobiles, change de longueur d'onde en vertu du principe de Döppler-Fizeau.

Sommes-nous libres de choisir entre ces deux mécanismes ? Non, il est certain que l'un et l'autre doivent entrer en jeu, et il est nécessaire que l'un et l'autre nous conduisent à un même résultat, à une même loi du rayonnement. Qu'arriverait-il en effet si les résultats étaient contradictoires, si le mécanisme des chocs agissant seul tendait à réaliser une certaine loi de rayonnement, celle de Planck par exemple, tandis que le mécanisme de Döppler-Fizeau tendrait à en réaliser une autre ? Eh bien ! il arriverait que, ces deux mécanismes devant jouer l'un et l'autre, mais devenant alterrativement prépondérants sous l'influence de circonstances fortuites, le monde oscillerait constamment d'une loi à l'autre, il ne tendrait pas vers un état final stable, vers cette mort thermique où il ne connaîtra plus le changement ; le second principe de la thermodynamique ne serait pas vrai.

Je résolus donc d'examiner successivement les deux processus, et je commençai par l'action mécanique, par le choc. Vous savez pourquoi les théories anciennes nous conduisent forcément à la loi de l'équipartition ; c'est parce qu'elles supposent que toutes les équations de la mécanique sont de la forme de Hamilton et que par conséquent elles admettent l'unité comme un dernier multiplicateur au sens de Jacobi. On doit alors supposer que les lois du choc entre un électron libre et un résonateur ne sont pas de la même forme et que les équations qui les régissent admettent un dernier multiplicateur autre que l'unité. Il faut bien qu'elles aient un dernier multiplicateur, sans quoi le second principe de la thermodynamique ne serait pas vrai, nous retrouverions la difficulté de tout à l'heure, mais il ne faut pas que ce multiplicateur soit l'unité.

C'est précisément ce dernier multiplicateur qui mesure la probabilité d'un état donné du système (ou plutôt ce qu'on pourrait appeler la densité de la probabilité). Dans l'hypothèse des quanta, ce multiplicateur ne peut être une fonction continue, puisque la probabilité d'un état doit être nulle, toutes les fois que l'énergie correspondante n'est pas un multiple du quantum. C'est là une difficulté évidente, mais c'est une de celles auxquelles nous sommes résignés d'avance; je ne m'y suis pas arrêté ; j'ai alors poussé le calcul jusqu'au bout et j'ai retrouvé la loi de Planck, justifiant pleinement les vues du physicien allemand.

Je suis alors passé au mécanisme de Döppler-Fizeau ; supposons une enceinte formée d'un corps de pompe et d'un piston, dont les parois sont parfaitement réfléchissantes. Dans cette enceinte est enfermée une certaine quantité d'énergie lumineuse avec une répartition quelconque des longueurs d'onde, mais *pas de source de lumière*; l'énergie lumineuse y est enfermée une fois pour toutes.

Tant que le piston ne bougera pas, cette répartition ne pourra varier, car la lumière conservera sa longueur d'onde en se réfléchissant ; mais, quand on déplacera le piston, la répartition variera. Si la vitesse du piston est très petite, le phénomène est réversible et l'entropie doit demeurer constante; on retrouve ainsi l'analyse de Wien et la loi de Wien, mais on n'est pas plus avancé, puisque cette loi est commune aux anciennes et aux nouvelles théories. Si la vitesse du piston n'est pas très petite, le phénomène devient irréversible ; de sorte que l'analyse thermodynamique ne nous conduit plus à des égalités, mais à de simples inégalités d'où on ne pourrait tirer de conclusions.

Il semble pourtant que l'on pourrait raisonner comme il suit : supposons que la distribution initiale de l'énergie soit celle du rayonnement noir, c'est évidemment celle qui correspond au maximum de l'entropie; si on donne quelques coups de piston, la distribution finale devra donc rester la même, sans quoi l'entropie aurait diminué ; et même quelle que soit la distribution initiale, après un nombre très grand de coups de piston, la distribution finale devra être celle qui rend l'entropie maximum, celle du rayonnement noir. Ce raisonnement serait sans valeur.

La distribution a une tendance à se rapprocher de celle du rayonnement noir ; elle ne peut pas plus s'en écarter que la chaleur ne peut passer d'un corps froid sur un corps chaud, c'est-à-dire qu'elle ne peut le faire *sans contre-partie*. Or ici il y a une contre-partie : en donnant des coups de piston, on dépense du travail, qui se retrouve par une augmentation de l'énergie lumineuse enfermée dans le corps de pompe, c'est-à-dire qui est transformé en chaleur.

La même difficulté ne se retrouverait plus si les corps en mouvement sur lesquels se fait la réflexion de la lumière étaient infiniment petits et infiniment nombreux, parce qu'alors leur force vive ne serait pas du travail mécanique, mais de la chaleur ; on ne pourrait donc compenser la diminution d' entropie qui correspond à un changement dans la répartition des longueurs d'onde par la transformation de ce travail en chaleur, et alors on sera en droit de conclure que, si la distribution initiale est celle du rayonnement noir, cette distribution devra persister indéfiniment.

Supposons donc une enceinte à parois *fixes* et réfléchissantes ; nous y enfermerons non seulement de l'énergie lumineuse, mais aussi un gaz ; ce sont les molécules de ce gaz qui joueront le rôle de miroirs mobiles. Si la distribution des longueurs d'onde est celle du rayonnement noir correspondant à la température du gaz, cet état devra être stable, c'est-à-dire :

1° Que l'action de la lumière sur les molécules ne devra pas en faire varier la température ;

2° Que l'action des molécules sur la lumière ne devra pas troubler la distribution.

M. Einstein a étudié l'action de la lumière sur les molécules ; ces molécules subissent, en effet, quelque chose qui ressemble à la pression de radiation ; M. Einstein ne s'est pas toutefois placé tout à fait à un point de vue aussi simple ; il a assimilé ses molécules à de petits résonateurs mobiles, susceptibles de posséder à la fois de la force vive de translation et de l'énergie due à des oscillations électriques. Le résultat aurait dans tous les cas été le même, il aurait retrouvé la loi de Rayleigh.

Quant à moi, je ferai l'inverse, c'est-à-dire que j'étudierai l'action des molécules sur la lumière. Les molécules sont trop petites pour donner une réflexion régulière ; elles produisent seulement une diffusion. Ce qu'est cette diffusion, quand on ne tient pas compte des mouvements des molécules, nous le savons, et par la théorie et par l'expérience ; c'est elle, en effet, qui produit le bleu du ciel.

Cette diffusion n'altère pas la longueur d'onde, mais elle est d'autant plus intense que la longueur d'onde est plus petite.

Il faut maintenant passer de l'action d'une molécule au repos à l'action d'une molécule en mouvement, afin de tenir compte de l'agitation thermique ; cela est facile, nous n'avons qu'à appliquer le principe de relativité de Lorentz ; il en résulte que divers faisceaux de même longueur d'onde réelle, arrivant sur la molécule dans différentes directions, n'auront pas même longueur d'onde apparente pour un observateur qui croirait la molécule en repos. La longueur d'onde *apparente* n'est pas altérée par la diffraction, mais il n'en est pas de même de la longueur d'onde réelle.

On arrive ainsi à une loi intéressante ; l'énergie lumineuse réfléchie ou diffusée n'est pas égale à l'énergie lumineuse incidente ; ce n'est pas l'énergie, c'est le produit de l'énergie par la longueur d'onde qui demeure inaltéré. J'ai d'abord été très content. Il résultait en effet de là qu'un quantum incident donnait un quantum diffusé, puisque le quantum est en raison inverse de la longueur d'onde. Malheureusement cela n'a rien donné.

J'ai été conduit par cette analyse à la loi de Rayleigh ; cela, je le savais bien d'avance ; mais j'espérais qu'en voyant *comment* je serais conduit à la loi de Rayleigh, j'apercevrais plus clairement quelles modifications il faut faire subir aux hypothèses pour retrouver la loi de Planck. C'est cet espoir qui a été déçu.

Ma première pensée fut de chercher quelque chose qui ressemblât à la théorie des quanta ; il serait en effet surprenant que deux explications entièrement différentes rendissent compte d'une même dérogation à la loi d'équipartition, selon le mécanisme par lequel cette dérogation se produirait. Or, comment la structure discontinue de l'énergie pourrait-elle intervenir ? On pourrait supposer que cette discontinuité appartient à l'énergie lumineuse elle-même, lorsqu'elle circule dans l'éther libre, que par conséquent la lumière ne tombe pas sur les molécules en masse compacte, mais par petits bataillons séparés ; il est aisé de voir que cela ne changerait rien au résultat.

Ou bien on pourrait supposer que la discontinuité se produit au moment de la diffusion elle-même, que la molécule diffusante ne transforme pas la lumière d'une façon continue, mais par quanta successifs ; cela ne va pas encore parce que, si la lumière à transformer devait faire antichambre, comme si on avait affaire à un omnibus qui attendrait d'être plein pour partir, il en résulterait forcément un retard. Or, la théorie de lord Rayleigh nous apprend que la diffusion par les molécules, lorsqu'elle se fait sans déviation dans la direction du rayon incident, produit tout simplement la réfraction ordinaire ; c'est-à-dire que la lumière diffusée interfère régulièrement avec la lumière incidente, ce qui ne serait pas possible s'il y avait une perte de phase.

Si nous cherchons sans parti pris quelle est celle de nos prémisses qu'il nous convient d'abandonner, nous ne serons pas moins embarrassés : on ne voit pas comment on pourrait renoncer au principe de relativité ; est-ce alors la loi de diffusion par les molécules au repos qu'il faudrait modifier ? cela est aussi bien difficile ; nous ne pouvons guère pousser la fantaisie jusqu'à croire que le ciel n'est pas bleu.

Je resterai sur cet embarras, et je terminerai par la réflexion suivante. À mesure que la science progresse, il devient de plus en plus difficile de faire place à un fait nouveau qui ne se case pas naturellement. Les théories anciennes reposent sur un grand nombre de coïncidences numériques qui ne peuvent être attribuées au hasard ; nous ne pouvons donc disjoindre ce qu'elles ont réuni ; nous ne pouvons plus briser les cadres, nous devons chercher à les plier ; et ils ne s'y prêtent pas toujours. La théorie de l'équipartition expliquait tant de faits qu'elle doit contenir une part de vérité ; d'autre part, elle n'est pas vraie tout entière, puisqu'elle ne les explique pas tous. On ne peut ni l'abandonner, ni la conserver sans modification, et les modifications qui semblent s'imposer sont si étranges qu'on hésite à s'y résigner. Dans l'état actuel de la science, nous ne pouvons que constater ces difficultés sans les résoudre.

CHAPITRE VIII

LA MORALE ET LA SCIENCE

Dans la dernière moitié du XIXe siècle, on a bien souvent rêvé de créer une morale scientifique. On ne se contentait pas de vanter la vertu éducatrice de la science, les avantages que l'âme humaine retire pour son propre perfectionnement du commerce de la vérité regardée face à face. On comptait que la science mettrait les vérités morales au-dessus de toute contestation, comme elle a fait pour les théorèmes de mathématiques et les lois énoncées par les physiciens.

Les religions peuvent avoir une grande puissance sur les âmes croyantes, mais tout le monde n'est pas croyant ; la foi ne s'impose qu'à quelques-uns, la raison s'imposerait à tous. C'est à la raison qu'il faut nous adresser, et je ne dis pas à celle du métaphysicien dont les constructions sont brillantes, mais éphémères, comme les bulles de savon dont on s'amuse un instant et qui crèvent. La science seule bâtit solidement ; elle a bâti l'astronomie et la physique ; elle bâtit aujourd'hui la biologie ; par les mêmes procédés elle bâtira demain la morale. Ses prescriptions régneront sans partage, personne ne pourra murmurer contre elles, et on ne songera pas plus à s'insurger contre la loi morale qu'on ne songe aujourd'hui à se révolter contre le théorème des trois perpendiculaires ou la loi de la gravitation.

Et d'un autre côté, il y avait des gens qui pensaient de la science tout le mal possible ; qui y voyaient une école d'immoralité. Ce n'est pas seulement qu'elle accorde trop de place à la matière ; qu'elle nous enlève le sens du respect, parce qu'on ne respecte bien que les choses qu'en n'ose pas regarder. Mais ses conclusions ne vont-elles pas être la négation de la morale ? Elle va, comme a dit je ne sais plus quel auteur célèbre, éteindre les lumières du ciel ou, tout au moins, les priver de ce qu'elles ont de mystérieux pour les réduire à l'état de vulgaires becs de gaz. Elle va nous dévoiler les trucs du Créateur qui y perdra quelque chose de son prestige ; il n'est pas bon de laisser les enfants regarder dans les coulisses ; cela pourrait leur inspirer des doutes sur l'existence de Croquemitaine. Si on laisse faire les savants, il n'y aura bientôt plus de morale.

Que devons-nous penser des espérances des uns et des craintes des autres? Je n'hésite pas à répondre : elles sont aussi vaines les unes que les autres. Il ne peut pas y avoir de morale scientifique ; mais il ne peut pas y avoir non plus de science immorale. Et la raison en est simple ; c'est une raison, comment dirai-je ? purement grammaticale.

Si les prémisses d'un syllogisme sont toutes les deux à l'indicatif, la conclusion sera également à l'indicatif. Pour que la conclusion pût être mise à l'impératif, il faudrait que l'une des prémisses au moins fût elle-même à l'impératif. Or, les principes de la science, les postulats de la géométrie sont et ne peuvent être qu'à l'indicatif ; c'est encore à ce même mode que sont les vérités expérimentales, et à la base des sciences, il n'y a, il ne peut y avoir rien autre chose. Dès lors, le dialecticien le plus subtil peut jongler avec ces principes comme il voudra, les combiner, les échafauder les uns sur les autres ; tout ce qu'il en tirera sera à l'indicatif. Il n'obtiendra jamais une proposition qui dira : fais ceci, ou ne fais pas cela ; c'est-à-dire une proposition qui confirme ou qui contredise la morale.

Et c'est là une difficulté que les moralistes rencontrent depuis longtemps. Ils s'efforcent de démontrer la loi morale ; il faut le leur pardonner puisque c'est là leur métier ; ils veulent appuyer la morale sur quelque chose, comme si elle pouvait s'appuyer sur autre chose que sur elle-même. La science nous montre que l'homme ne peut que se dégrader en vivant de telle ou telle manière ; et si je me soucie peu de me dégrader, si ce que vous nommez dégradation, je le baptise progrès ? La métaphysique nous engage à nous conformer à la loi générale de l'être qu'elle prétend avoir découverte ; j'aime mieux, pourra-t-on lui répondre, obéir à ma loi particulière ; je ne sais pas ce qu'elle répliquera, mais je peux vous assurer qu'elle n'aura pas le dernier mot.

La morale religieuse sera-t-elle plus heureuse que la science ou la métaphysique ? Obéissez parce que Dieu l'ordonne, et qu'il est un maître qui peut briser toutes les résistances. Est-ce une démonstration et ne pourra-t-on soutenir qu'il est beau de se dresser contre la toute-puissance et que dans le duel entre Jupiter et Prométhée, c'est Prométhée torturé qui est le vrai vainqueur ? Et puis ce n'est pas obéir que de céder à la force ; l'obéissance des cœurs ne peut être contrainte.

Et nous ne pouvons pas non plus fonder une morale sur l'intérêt de la communauté, sur la notion de patrie, sur l'altruisme, puisqu'il resterait à démontrer qu'il faut au besoin se sacrifier à la cité dont on fait partie, ou bien encore au bonheur d'autrui ; et cette démonstration, aucune logique, aucune science ne peut nous la fournir. Bien plus, la morale de l'intérêt bien entendu, elle-même, celle de l'égoïsme serait impuissante, puisque, après tout, il n'est pas certain qu'il convienne d'être égoïste et qu'il y a des gens qui ne le sont point.

Toute morale dogmatique, toute morale démonstrative est donc vouée d'avance à un échec certain; elle est comme une machine où il n'y aurait que des transmissions de mouvement et pas d'énergie motrice. Le moteur moral, celui qui peut mettre en branle tout l'appareil des bielles et des engrenages, ce ne peut être qu'un sentiment. On ne peut pas nous démontrer que nous devons avoir pitié des malheureux, mais qu'on nous mette en présence de misères imméritées, spectacle qui n'est, hélas ! que trop fréquent, et nous nous sentirons soulevés par un sentiment de révolte ; je ne sais quelle énergie se lèvera en nous, qui n'écoutera aucun raisonnement et qui nous entraînera irrésistiblement et comme malgré nous.

On ne peut pas démontrer qu'on doit obéir à un Dieu, quand même on nous prouverait qu'il est tout-puissant et qu'il peut nous écraser ; quand même on nous prouverait qu'il est bon et que nous lui devons de la reconnaissance ; il y a des gens qui croient que le droit à l'ingratitude est la plus précieuse de toutes les libertés. Mais si nous aimons ce Dieu, toute démonstration deviendra inutile, et l'obéissance nous semblera toute naturelle; et c'est pour cela que les religions sont puissantes, tandis que les métaphysiques ne le sont pas.

Quand on nous demande de justifier par des raisonnements notre amour pour la patrie, nous pouvons être très embarrassés ; mais que nous nous représentions par la pensée nos armées vaincues, la France envahie, tout notre cœur se soulèvera, les larmes nous monteront aux yeux et nous n'écouterons plus rien. Et si certaines gens accumulent aujourd'hui tant de sophismes, c'est sans doute qu'ils n'ont pas assez d'imagination, ils ne peuvent se représenter tous ces maux, et si le malheur ou quelque punîtion du ciel voulaient qu'ils les vissent de leurs yeux, leur âihe se révolterait comme la nôtre.

La science ne peut donc à elle seule créer une morale ; elle ne peut pas davantage à elle seule et directement, ébranler ou détruire la morale traditionnelle. Mais ne peut-elle exercer une action indirecte ? Ce que je viens de dire indique par quel mécanisme elle pourrait intervenir. Elle peut faire naître des sentiments nouveaux, non que des sentiments puissent être objets de démonstration ; mais parce que toute forme de l'activité humaine réagit sur l'homme lui-même et lui fait une âme nouvelle. Il y a une psychologie professionnelle pour chaque métier; les sentiments du laboureur ne sont pas ceux du financier, le savant a donc lui aussi sa psychologie particulière, j'entends sa psychologie affective et il en rejaillit quelque chose sur celui qui ne touche à la science que par occasion.

D'un autre côté, la science peut mettre en œuvre les sentiments qui existent naturellement chez l'homme ; pour reprendre notre comparaison de tout à l'heure, on aura beau construire des assemblages compliqués de bielles et de manivelles, la machine ne marchera pas s'il n'y a pas de vapeur dans la chaudière ; mais, si la vapeur est là, le travail qu'elle fera ne sera pas toujours pareil à lui-même ; il dépendra du mécanisme auquel on l'appliquera. De même on peut dire que le sentiment nous fournit seulement un mobile général d'action ; il nous donnera la majeure de notre syllogisme, qui, comme il convient, sera à l'impératif ; de son côté la science nous fournira la mineure qui sera à l'indicatif, et elle en tirera la conclusion qui pourra être à l'impératif.

Nous allons examiner successivement ces deux points de vue.

Et d'abord la science peut-elle devenir créatrice ou inspiratrice de sentiments ; ce que la science ne peut faire, l'amour de la science pourra-t-il le faire ?

La science nous met en rapport constant avec quelque chose de plus grand que nous ; elle nous offre un spectacle toujours renouvelé et toujours plus vaste ; derrière ce qu'elle nous montre de grand, elle nous fait deviner quelque chose de plus grand encore ; ce spectacle est pour nous une joie, mais c'est une joie dans laquelle nous nous oublions nous-mêmes et c'est par là qu'elle est moralement saine.

Celui qui y aura goûté, qui aura vu, ne fût-ce que de loin, la splendide harmonie des lois naturelles, sera mieux disposé qu'un autre à faire peu de cas de ses petits intérêts égoïstes ; il aura un idéal qu'il aimera mieux que lui-même, et c'est là le seul terrain sur lequel on puisse bâtir une morale. Pour cet idéal, il travaillera sans marchander sa peine et sans attendre aucune de ces grossières récompenses qui sont tout pour certains hommes; et quand il aura pris ainsi l'habitude du désintéressement, cette habitude le suivra partout ; sa vie entière en restera comme parfumée.

D'autant plus que la passion qui l'inspire, c'est l'amour de la vérité et un tel amour n'est-il pas toute une morale ? Y a-t-il rien qu'il importe plus de combattre que le mensonge, parce que c'est un des vices les plus fréquents chez l'homme primitif et l'un des plus dégradants ? Eh bien, quand nous aurons pris l'habitude des méthodes scientifiques, de leur scrupuleuse exactitude, l'horreur de tout coup de pouce donné à l'expérience, quand nous nous serons accoutumés à redouter comme le comble du déshonneur, le reproche d'avoir même innocemment quelque peu truqué nos résultats, quand cela sera devenu pour nous un pli professionnel indélébile, une seconde nature, n'allons-nous pas porter dans toutes nos actions ce souci de la sincérité absolue, au point de ne plus comprendre ce qui pousse d'autres hommes à mentir ; et n'est-ce pas le meilleur moyen d'acquérir la plus rare, la plus difficile de toutes les sincérités, celle qui consiste à ne pas se tromper soi-même?

Dans nos défaillances, la grandeur de notre idéal nous soutiendra ; on peut en préférer un autre, mais, après tout, le Dieu du savant n'est-il pas d'autant plus grand qu'il s'éloigne de plus en plus de nous ? Il est vrai qu'il est inflexible, et bien des âmes le regretteront ; mais du moins il ne partage pas nos petitesses et nos rancunes mesquines comme le fait trop souvent le Dieu des théologiens. Cette idée d'une règle plus forte que nous, à laquelle on ne peut se soustraire et on doit s'accommoder coûte que coûte, peut avoir aussi un effet salutaire ; on peut tout au moins le soutenir ; ne vaudrait-il pas mieux que nos paysans crussent que la loi ne peut jamais plier, au lieu de croire que le gouvernement va la faire fléchir en leur faveur, pour peu qu'ils invoquent l'intercession d'un député suffisamment puissant ?

La science, comme l'a dit Aristote, a pour objet le général ; en présence d'un fait particulier, elle voudra connaître la loi générale, aspirera à une généralisation de plus en plus étendue. Il n'y a là, semble-t-il au premier abord, qu'une habitude intellectuelle; mais les habitudes intellectuelles ont aussi leur retentissement moral. Si vous vous êtes accoutumés à faire peu de cas du particulier, de l'accidentel, parce que votre intelligence ne s'y intéressera plus, vous serez naturellement portés à n'y attacher que peu de prix, à n'y pas voir un objet désirable, et à le sacrifier sans peine. À force de regarder de loin, on devient presbyte pour ainsi dire, on ne voit plus ce qui est petit, et, ne le voyant plus, on n'est pas exposé à en faire le but de sa vie. Ainsi on se trouvera naturellement enclin à subordonner les intérêts particuliers aux intérêts généraux, et c'est bien là encore une morale.

Et puis la science nous rend un autre service ; elle est une œuvre collective, et elle ne peut être autre chose ; elle est comme un monument dont la construction demande des siècles et où chacun doit apporter sa pierre ; et cette pierre lui coûte parfois toute sa vie. Elle nous donne donc le sentiment de la coopération nécessaire, de la solidarité de nos efforts et de ceux de nos contemporains, et même de ceux de nos devanciers et de nos successeurs. On comprend qu'on n'est qu'un soldat, qu'un petit fragment d'un tout. C'est ce même sentiment de la discipline qui façonne les consciences militaires, et qui métamorphose à tel point l'âme fruste d'un paysan ou l'âme sans scrupule d'un aventurier, qu'elle les rend capables de tous les héroïsmes et de tous les dévouements. Dans des conditions bien différentes, il peut exercer d'une façon analogue une action bienfaisante. Nous sentons que nous travaillons pour l'humanité, et l'humanité nous en devient plus chère.

Voilà le pour et voici le contre. Si la science ne nous apparaît plus comme impuissante sur les cœurs, comme indifférente en morale, ne pourra-t-elle pas avoir une influence nuisible aussi bien qu'une influence utile ? Et d'abord toute passion est exclusive ; ne va-t-elle pas nous faire perdre de vue tout ce qui n'est pas elle ; l'amour de la vérité est sans doute une grande chose ; mais la belle affaire si, pour la poursuivre, nous sacrifions des objets infiniment plus précieux comme la bonté, la pitié, l'amour du prochain. À la nouvelle d'une catastrophe quelconque, d'un tremblement de terre, nous oublierons les souffrances des victimes pour ne penser qu'à la direction et à l'amplitude des secousses ; nous y verrons presque une bonne fortune, s'il a mis en évidence quelque loi inconnue de la sismologie.

Voici tout de suite un exemple qui s'impose ; les physiologistes pratiquent sans scrupule la vivisection, et c'est là un crime qu'aux yeux de bien des vieilles dames, aucun des bienfaits passés ou futurs de la science ne pourra jamais excuser. À les en croire, les biologistes, en se montrant impitoyables pour les animaux, doivent devenir féroces pour les hommes. Elles se trompent sans aucun doute ; j'en ai connu de très doux.

La question de la vivisection mérite de nous arrêter un moment, bien qu'elle m'entraîne un peu hors de mon sujet. Il y a là un de ces conflits de devoirs que la vie pratique nous montre à tout instant. L'homme ne peut renoncer à savoir sans s'amoindrir ; et c'est pourquoi les intérêts de la science sont sacrés ; c'est aussi à cause des maux qu'elle peut guérir ou prévenir et dont la masse est incalculable ; et d'un autre côté la souffrance est impie (je ne dis pas la mort, je dis la souffrance). Bien que les animaux inférieurs soient sans doute moins sensibles que l'homme, ils méritent la pitié. Ce ne sera que par des cotes mal taillées qu'on pourra s'en tirer ; le biologiste ne doit entreprendre, même *in anima vili*, que des expériences réellement utiles ; il y a aussi très souvent des moyens de réduire la douleur à son minimum ; il doit s'en servir. Mais, à cet égard, on doit s'en rapporter à sa conscience; toute intervention légale serait inopportune et un peu ridicule ; le Parlement peut tout, dit-on en Angleterre, excepté changer un homme en femme ; il peut tout, dirai-je, excepté rendre un arrêt compétent en matière scientifique. Il n'y a pas d'autorité qui puisse édicter des règles pour décider si une expérience est utile.

Mais je reviens à mon sujet ; il y a des gens qui disent que la science est desséchante, qu'elle nous attache à la matière, qu'elle tue la poésie, source unique de tous les sentiments généreux. L'âme qu'elle a touchée se flétrit et devient réfractaire à tous les nobles élans, à tous les attendrissements, à tous les enthousiasmes. Cela, je ne le crois pas, et j'ai dit tout à l'heure le contraire, mais il y a là une opinion très répandue, et qui doit avoir quelque fondement, elle prouve que la même nourriture ne convient pas à tous.

Que devons-nous conclure ? La science, largement entendue, enseignée par des maîtres qui la comprennent et qui l'aiment, peut jouer un rôle très utile et très important dans l'éducation morale. Mais ce serait une faute de vouloir lui donner un rôle exclusif. Elle peut faire naître des sentiments bienfaisants, qui peuvent servir de moteur moral ;

mais d'autres disciplines le peuvent également, ce serait une sottise de se priver d'aucun auxiliaire ; nous n'avons pas trop de toutes leurs forces réunies. Il y a des gens qui n'ont pas l'intelligence des choses scientifiques ; c'est un fait d'observation vulgaire, qu'il y a dans toutes les classes des élèves qui sont « forts » en lettres, et qui ne sont pas « forts » en sciences. Quelle illusion de croire que si la science ne parle pas à leur intelligence, elle pourra parler à leur coeur !

J'arrive au second point ; non seulement la science comme tout mode d'activité, peut engendrer des sentiments nouveaux, mais elle peut, sur les sentiments anciens, sur ceux qui naissent spontanément dans le cœur de l'homme, édifier une construction nouvelle. On ne peut pas concevoir un syllogisme où les deux prémisses seraient à l'indicatif et la conclusion à l'impératif ; mais on peut en concevoir qui soient bâtis sur le type suivant : Fais ceci, or, quand on ne fait pas cela, on ne peut pas faire ceci, donc fais cela. Et de pareils raisonnements ne sont pas hors de la portée de la science.

Les sentiments sur lesquels la morale peut s'appuyer sont de nature très diverse ; ils ne se rencontrent pas tous au même degré dans toutes les âmes. Chez les unes, ce sont les uns qui prédominent, et il y en a d'autres chez qui ce sont d'autres cordes qui sont toujours prêtes à vibrer. Les uns seront avant tout sensibles à la pitié, ils seront remués par les souffrances d'autrui. Les autres subordonneront tout à l'harmonie sociale, à la prospérité générale ; ou bien encore ils souhaiteront la grandeur de leur pays. D'autres peut-être auront un idéal de beauté, ou bien ils croiront que notre premier devoir est de nous perfectionner nous-mêmes, de chercher à devenir plus forts, à nous rendre supérieurs aux choses, indifférents à la fortune, de ne pas déchoir à nos propres yeux.

Toutes ces tendances sont louables, mais elles sont différentes ; peut-être sortira-t-il de là un conflit. Si la science nous montre que ce conflit n'est pas à craindre, si elle prouve qu'on ne saurait atteindre l'un de ces buts sans viser à l'autre (et cela est de sa compétence), elle aura fait une œuvre utile, elle aura apporté aux moralistes une aide précieuse. Ces troupes qui jusque-là combattaient en ordre dispersé, et où chaque soldat marchait vers un objectif particulier, vont maintenant serrer les rangs, parce qu'on leur aura démontré que la victoire de chacun est la victoire de tous. Leurs efforts seront coordonnés, et la foule inconsciente deviendra une armée disciplinée.

Est-ce bien dans ce sens que marche la science ? Il est permis de l'espérer ; elle tend de plus en plus à nous montrer la solidarité des diverses parties de l'univers, à nous en dévoiler l'harmonie ; est-ce parce que cette harmonie est réelle, ou parce qu'elle est un besoin de notre intelligence, et par conséquent un postulat de la science ? c'est une question que je n'entreprendrai pas de décider. Toujours est-il que la science va vers l'unité et nous fait aller vers l'unité. De même qu'elle coordonne les lois particulières et les rattache à une loi plus générale, ne va-t-elle pas réduire aussi à l'unité les aspirations intimes de nos cœurs, en apparence si divergentes, si capricieuses, si étrangères les unes aux autres ?

Mais si elle échoue dans cette tâche, quel danger, quelle désillusion ! Ne peut-elle pas faire autant de mal qu'elle aurait pu faire de bien ? Ces affections, ces sentiments si frêles, si délicats vont-ils supporter l'analyse ; la moindre lumière ne va-t-elle pas nous en révéler la vanité et n'allons-nous pas aboutir à l'éternel à quoi bon? À quoi bon la pitié, puisque plus on fait pour les hommes, plus ils deviennent exigeants, et plus ils sont en conséquence malheureux de leur sort ; puisque la pitié ne peut faire non seulement que des ingrats, cela importerait peu, mais qu'elle ne peut faire que des âmes aigries ? À quoi bon l'amour de la patrie, puisque sa grandeur n'est le plus souvent qu'une brillante misère ; à quoi bon chercher à nous perfectionner nous-mêmes, puisque nous ne vivons qu'un jour ? Si, par malheur, la science allait mettre le poids de son autorité du côté de ces sophismes !

Et puis nos âmes sont un tissu complexe où les fils formés par les associations de nos idées se croisent et s'enchevêtrent dans tous les sens ; couper un de ces fils, c'est s'exposer à y amener de vastes déchirures, que nul ne saurait prévoir. Ce tissu, ce n'est pas nous qui l'avons fait, il est un legs du passé ; souvent nos aspirations les plus nobles se trouvent ainsi attachées, sans que nous le sachions, aux préjugés les plus surannés et les plus ridicules. La science va détruire ces préjugés ; c'est sa tâche naturelle, c'est son devoir ; les nobles tendances, que de vieilles habitudes y avaient liées, ne vont-elles pas en souffrir ? Non, sans doute, chez les âmes fortes ; mais il n'y a pas que des âmes fortes, que des esprits clairvoyants ; il y a aussi des âmes simples qui risquent de ne pas resister à l'épreuve.

On prétend donc que la science va être destructrice ; on s'effraye des ruines qu'elle va faire et on redoute que, là où elle aura passé, les sociétés ne puissent plus vivre. N'y a-t-il pas dans ces craintes une sorte de contradiction interne ? Si l'on démontre scientifiquement que telle ou telle coutume, que l'on regardait comme indispensable à l'existence même des sociétés humaines, n'avait pas en réalité l'importance qu'on lui attribuait et ne nous faisait illusion que par son ancienneté vénérable, si l'on démontre cela, en admettant que cette démonstration soit possible, la vie morale de l'humanité en va-t-elle être ébranlée ? De deux choses l'une, ou bien cette coutume est utile, et alors une science raisonnable ne pourra démontrer qu'elle ne l'est pas ; ou elle est inutile et on ne devra pas la regretter. Du moment que nous plaçons à la base de nos syllogismes un de ces sentiments généreux qui engendrent la moralité, c'est encore lui, et par conséquent, c'est encore la morale, que nous devons retrouver à la fin de toute notre chaîne de raisonnements, si elle a été conduite conformément aux règles de la logique ; ce qui risque de succomber, c'est ce qui n'est pas essentiel, ce qui n'était dans notre vie morale qu'un accident ; la seule chose qui importe, ne peut pas ne pas se trouver dans les conclusions puisqu'elle est dans les prémisses.

On ne doit redouter que la science incomplète, celle qui se trompe ; celle qui nous leurre de vaines apparences et nous engage ainsi à détruire ce que nous voudrions bien reconstruire ensuite, quand nous sommes mieux informés et qu'il est trop tard. Il y a des gens qui s'entichent d'une idée, non parce qu'elle est juste, mais parce qu'elle est nouvelle, parce qu'elle est à la mode ; ceux-là sont de terribles destructeurs, mais ce ne sont... j'allais dire que ce ne sont pas des savants, mais je m'aperçois que beaucoup d'entre eux ont rendu de grands services à la science ; ils sont donc des savants, seulement ils ne le sont pas à cause de cela, mais malgré cela.

La vraie science craint les généralisations hâtives, les déductions théoriques ; si le physicien s'en défie, bien que celles auxquelles il a affaire soient cohérentes et solides, que doit faire le moraliste, le sociologue, quand les soi-disant théories qu'il trouve devant lui se réduisent à des comparaisons grossières comme celle des sociétés avec les organismes ! La science, au contraire, n'est et ne peut être qu'expérimentale et l'expérience en sociologie, c'est l'histoire du passé ; c'est la tradition que l'on doit critiquer sans doute, mais dont on ne doit pas faire table rase.

D'une science animée du véritable esprit expérimental, la morale n'a rien à craindre ; une pareille science est respectueuse du passé, elle est opposée à ce snobisme scientifique, si facile à duper par les nouveautés ; elle n'avance que pas à pas, mais toujours dans le même sens et toujours dans le bon sens ; le meilleur remède contre une demi-science, c'est plus de science.

Il y a encore une autre manière de concevoir les rapports de la science et de la morale ; il n'est aucun phénomène qui ne puisse être objet de science, puisqu'il n'en est aucun qui ne puisse être observé. Les phénomènes moraux n'y échappent pas plus que les autres. Le naturaliste étudie les sociétés des fourmis et des abeilles et il les étudie avec sérénité ; de même le savant cherche à juger les hommes comme s'il n'était pas un homme ; à se mettre à la place de je ne sais quel lointain habitant de Sirius pour qui les villes ne seraient que des fourmilières. C'est son droit, c'est son métier de savant.

La science des mœurs sera d'abord purement descriptive ; elle nous fera connaître les mœurs des hommes, et nous dira ce qu'elles sont sans nous parler de ce qu'elles devraient être. Elle sera ensuite comparative ; elle nous promènera dans l'espace pour nous faire comparer les mœurs des différents peuples, celles du sauvage et de l'homme civilisé, et aussi dans le temps pour nous faire comparer celles d'hier et celles d'aujourd'hui. Elle cherchera enfin à devenir explicative, et c'est là l'évolution naturelle de toute science.

Les darwinistes chercheront à nous expliquer pourquoi tous les peuples connus se soumettent à une loi morale, en nous disant que la sélection naturelle a fait depuis longtemps disparaître ceux qui avaient été assez maladroits pour chercher à s'y soustraire. Les psychologues nous expliqueront pourquoi les prescriptions de la morale ne sont pas toujours d'accord avec l'intérêt général. Ils nous diront que l'homme, entraîné par le tourbillon de la vie, n'a pas le temps de réfléchir à toutes les conséquences de ses actes ; qu'il ne peut obéir qu'à des préceptes généraux ; que ceux-ci seront d'autant moins discutés qu'ils seront plus simples, et qu'il suffit, pour que leur rôle soit utile et pour que, par conséquent, la sélection puisse les créer, qu'ils s'accordent *le plus souvent* avec l'intérêt général. Les historiens nous expliqueront comment des deux morales, celle qui subordonne l'individu à la société et celle qui a pitié de l'individu et nous propose pour but le bonheur d'autrui, c'est la seconde qui fait d'incessants progrès, à mesure que les sociétés deviennent plus vastes, plus complexes, et, tout compte fait, moins exposées aux catastrophes.

Cette science des mœurs n'est pas une morale ; elle n'en sera jamais une ; elle ne peut pas plus remplacer la morale qu'un traité sur la physiologie de la digestion ne peut remplacer un bon dîner. Ce que j'ai dit jusqu'ici me dispense d'insister.

Mais ce n'est pas de cela qu'il s'agit ; elle n'est pas une morale, mais peut-elle être utile, peut-elle être dangereuse pour la morale ? Les uns diront qu'expliquer c'est toujours, dans une certaine mesure, justifier, et cela peut aisément se soutenir ; les autres diront au contraire qu'il n'est pas sans péril de nous montrer la morale diverse suivant les races et les latitudes ; que cela peut nous apprendre à discuter ce qui devrait être accepté aveuglément, nous habituer à apercevoir la contingence où il importerait que nous ne vissions que la nécessité. Et ils n'ont peut-être pas non plus tout à fait tort. Mais, franchement, n'est-ce pas là s'exagérer l'influence sur les hommes de théories à fleur de peau, d'abstractions qui leur resteront toujours extérieures ? Quand des passions, les unes généreuses, les autres basses, se disputent notre conscience, de quel poids, auprès d'adversaires si puissantes peut peser la distinction métaphysique du contingent et du nécessaire ?

Je ne puis pourtant passer sous silence un point important, malgré le peu de temps qui me reste pour le traiter. La science est déterministe; elle l'est *a priori* ; elle postule le déterminisme, parce que sans lui elle ne pourrait être. Elle l'est aussi *a posteriori* ; si elle a commencé par le postuler, comme une condition indispensable de son existence, elle le démontre ensuite précisément en existant, et chacune de ses conquêtes est une victoire du déterminisme. Peut-être une conciliation est-elle possible ; peut-on admettre que cette marche en avant du déterminisme se poursuivra sans arrêt et sans recul, sans connaître d'obstacle infranchissable et que cependant l'on n'a pas le droit de passer à la limite, comme nous disons nous autres mathématiciens, et de conclure au déterminisme absolu parce qu'à la limite le déterminisme s'évanouirait dans une tautologie ou une contradiction ? C'est une question qu'on étudie depuis des siècles sans espoir de la résoudre et je ne puis même l'effleurer dans les quelques minutes dont je dispose encore.

Mais nous sommes en présence d'un fait ; la science, à tort ou à raison, est déterministe ; partout où elle pénètre, elle fait entrer le déterminisme. Tant qu'il ne s'agit que de physique ou même de biologie, cela importe peu ; le domaine de la conscience demeure inviolé ; qu'arrivera-t-il le jour où la morale deviendra à son tour objet de science ? Elle s'imprégnera nécessairement de déterminisme et ce sera sans doute sa ruine.

Tout est-il désespéré, ou bien si un jour la morale devait s'accommoder du déterminisme, pourrait-elle s'y adapter sans en mourir ? Une révolution métaphysique si profonde aurait sans doute sur les mœurs beaucoup moins d'influence qu'on ne pense. Il est bien entendu que la répression pénale n'est pas en cause ; ce qu'on appelait crime ou châtiment, s'appellerait maladie ou prophylaxie, mais la société conserverait intact son droit qui n'est pas celui de punir, mais tout simplement celui de se défendre. Ce qui est plus grave, c'est que l'idée de mérite et de démérite devrait disparaître ou se transformer. Mais on continuerait à aimer l'homme de bien, comme on aime tout ce qui est beau ; on n'aurait plus le droit de haïr l'homme vicieux qui n'inspirerait plus que le dégoût, mais cela est-il bien nécessaire ? Il suffit qu'on ne cesse pas de haïr le vice.

À part cela, tout irait comme par le passé; l'instinct est plus fort que toutes les métaphysiques, et quand même on l'aurait démontré, quand même on connaîtrait le secret de sa force, sa puissance n'en serait pas affaiblie. La gravitation est-elle moins irrésistible depuis Newton ? Les forces morales qui nous mènent continueraient à nous mener.

Et si l'idée de liberté est elle-même une force, comme le dit Fouillée, cette force serait à peine diminuée, si jamais les savants démontraient qu'elle ne repose que sur une illusion. Cette illusion est trop tenace pour être dissipée par quelques raisonnements. Le déterministe le plus intransigeant continuera longtemps encore, dans la conversation de tous les jours, à dire je veux et même je dois, et même à le penser avec la partie la plus puissante de son âme, celle qui n'est pas consciente et qui ne raisonne pas. Il est tout aussi impossible de ne pas agir comme un homme libre quand on agit, qu'il l'est de ne pas raisonner comme un déterministe quand on fait de la science.

Le fantôme n'est donc pas si redoutable qu'on le dit, et il y a peut-être aussi d'autres raisons de ne pas le craindre ; on peut espérer que dans l'absolu tout se concilierait et qu'à une intelligence infinie, les deux attitudes, celle de l'homme qui agit comme s'il était libre et celle de l'homme qui pense comme si la liberté n'était nulle part, sembleraient également légitimes.

Nous nous sommes placés successivement aux différents points de vue d'où l'on peut envisager les rapports de la science et de la morale ; il faut maintenant arriver aux conclusions. Il n'y a pas, et il n'y aura jamais de morale scientifique au sens propre du mot, mais la science peut être d'une façon indirecte une auxiliaire de la morale ; la science largement comprise ne peut que la servir ; la demi-science est seule redoutable ; en revanche, la science ne peut suffire, parce qu'elle ne voit qu'une partie de l'homme, ou, si vous le préférez, elle voit tout, mais elle voit tout du même biais ; et ensuite, parce qu'il faut penser aux esprits qui ne sont pas scientifiques. D'autre part, les craintes, comme les espoirs trop vastes, me semblent également chimériques ; la morale et la science, à mesure qu'elles feront des progrès, sauront bien s'adapter l'une à l'autre.

CHAPITRE IX

L'UNION MORALE[4]

L'Assemblée d'aujourd'hui réunit des hommes dont les idées sont fort différentes et que rapprochent seulement une commune bonne volonté et un égal désir du bien ; je ne doute pas néanmoins qu'ils ne s'entendent facilement, car s'ils n'ont pas le même avis sur les moyens, ils sont d'accord sur le but à atteindre, et c'est cela seul qui importe.

On a pu lire récemment, on peut lire encore sur les murs de Paris des affiches qui annoncent une conférence contradictoire sur « le conflit des Morales ». Ce conflit existe-t-il, devrait-il exister ? Non. La morale peut s'appuyer sur une foule de raisons ; il y en a qui sont transcendantes, ce sont peut-être les meilleures et à coup sûr les plus nobles, mais ce sont celles dont on dispute ; il y en a une au moins, peut-être un peu plus terre à terre, sur laquelle nous ne pouvons pas ne pas être d'accord.

La vie de l'homme, en effet, est une lutte continuelle ; contre lui se dressent des forces aveugles, sans doute, mais redoutables qui le terrasseraient promptement, qui le feraient périr, l'accableraient de mille misères s'il n'était constamment debout pour leur résister.

Si nous jouissons parfois d'un repos relatif, c'est parce que nos pères ont beaucoup lutté ; que notre énergie, que notre vigilance se relâchent un instant, et nous perdons tout le fruit de leurs luttes, tout ce qu'ils ont gagné pour nous. L'humanité est donc comme une armée en guerre ; or, toute armée a besoin d'une discipline, et il ne suffit pas qu'elle s'y soumette le jour du combat ; elle doit s'y plier dès le temps de la paix ; sans cela, sa perte est certaine, il n'y aura pas de bravoure qui puisse la sauver.

Ce que je viens de dire s'applique tout aussi bien à la lutte que l'humanité doit soutenir pour la vie : la discipline qu'elle doit accepter s'appelle la morale. Le jour où elle l'oublierait, elle serait vaincue d'avance et plongée dans un abîme de maux. Ce jour-là, d'ailleurs, elle subirait une déchéance, elle se sentirait moins belle et pour ainsi dire plus petite. On devrait s'en affliger non seulement à cause des maux qui suivraient, mais parce que ce serait l'obscurcissement d'une beauté.

Sur tous ces points, nous pensons tous de même, nous savons tous où il faut aller ; pourquoi nous divisons-nous lorsqu'il s'agit de savoir par où l'on doit passer ? Si les raisonnements pouvaient quelque chose, l'accord serait facile ; les mathématiciens ne se disputent jamais quand il s'agit de savoir comment on doit démontrer un théorème, mais il s'agit ici de tout autre chose. Faire de la morale avec des raisonnements, c'est perdre sa peine : en pareille matière, il n'y a pas de raisonnement auquel on ne puisse répliquer.

Expliquez au soldat combien de maux engendre la défaite, et qu'elle compromettra même sa sécurité personnelle : il pourra toujours répondre que cette sécurité sera encore mieux garantie si ce sont les autres qui se battent. Si le soldat ne répond pas ainsi c'est qu'il est mû par je ne sais quelle force qui fait taire tous les raisonnements. Ce qu'il nous faut, ce sont des forces comme celle-là. Or, l'âme humaine est un réservoir inépuisable de forces, une source féconde, une riche source d'énergie motrice ; cette énergie motrice, ce sont les sentiments, et il faut que les moralistes captent pour ainsi dire ces forces et les dirigent dans le bon sens, de même que les ingénieurs domptent les énergies naturelles et les plient aux besoins de l'industrie.

Mais — c'est là que naît la diversité — pour faire marcher une même machine, les ingénieurs peuvent indifféremment faire appel à la vapeur ou à la force hydraulique ; de même les professeurs de morale pourront à leur gré mettre en branle l'une ou l'autre des forces psychologiques. Chacun d'eux choisira naturellement la force qu'il sent en lui ; quant à celles qui lui pourraient venir du dehors, ou qu'il emprunterait au voisin, il ne les manierait que maladroitement ; elles seraient entre ses mains sans vie et sans efficacité ; il y renoncera, et il aura raison. C'est parce que leurs armes sont diverses que leurs méthodes doivent l'être : pourquoi s'en voudraient-ils mutuellement ?

Et cependant, c'est toujours la même morale que l'on enseigne. Que vous visiez l'utilité générale, que vous fassiez appel à la pitié ou au sentiment de la dignité humaine, vous aboutirez toujours aux mêmes préceptes, à ceux qu'on ne peut oublier sans que les nations périssent, sans qu'en même temps les souffrances se multiplient et que l'homme se mette à déchoir.

Pourquoi donc tous ces hommes qui, avec des armes différentes, combattent le même ennemi se rappellent-ils si rarement qu'ils sont des alliés ? Pourquoi les uns se réjouissent-ils parfois des défaites des autres ? Oublient-ils que chacune de ces défaites est un triomphe de l'adversaire éternel, une diminution du patrimoine commun ? Oh ! non, nous avons trop besoin de toutes nos forces pour avoir le droit d'en négliger aucune ; aussi, nous ne repoussons personne, nous ne proscrivons que la haine.

Certes la haine aussi est une force, une force très puissante ; mais nous ne pouvons nous en servir, parce qu'elle rapetisse, parce qu'elle est comme une lorgnette dans laquelle on ne peut regarder que par le gros bout ; même de peuple à peuple la haine est néfaste, et ce n'est pas elle qui fait les vrais héros. Je ne sais si, au delà de certaines frontières, on croit trouver avantage à faire du patriotisme avec de la haine ; mais cela est contraire aux instincts de notre race et à ses traditions. Les armées françaises se sont toujours battues pour quelqu'un ou pour quelque chose, et non pas contre quelqu'un ; elles ne se sont pas moins bien battues pour cela.

Si, à l'intérieur, les partis oublient les grandes idées qui faisaient leur honneur et leur raison d'être pour ne se rappeler que leur haine, si l'un dit : « Je suis anti-ceci », et que l'autre réponde : « Moi, je suis anti-cela », immédiatement l'horizon se rétrécit, comme si des nuages s'étaient abattus et avaient voilé les sommets ; les moyens les plus vils sont employés, on ne recule ni devant la calomnie, ni devant la délation, et ceux qui s'en étonnent deviennent des suspects. On voit surgir des gens qui semblent n'avoir plus d'intelligence que pour mentir, de cœur que pour haïr. Et des âmes qui ne sont point vulgaires, pour peu qu'elles s'abritent sous le même drapeau, leur réservent des trésors d'indulgence et parfois d'admiration. Et en face de tant de haines opposées, on hésite à souhaiter la défaite de l'une, qui serait le triomphe des autres.

Voilà tout ce que peut la haine, et c'est justement ce que nous ne voulons pas. Rapprochons-nous donc, apprenons à nous connaître et, par là, à nous estimer, pour poursuivre l'idéal commun. Gardons-nous d'imposer à tous des moyens uniformes, cela est irréalisable, et d'ailleurs, cela n'est pas à désirer : l'uniformité, c'est la mort, parce que c'est la porte close à tout progrès ; et puis, toute contrainte est stérile et odieuse.

Les hommes sont divers, il y en a qui sont rebelles, qu'un seul mot peut toucher et que tout le reste laisse indifférents ; je ne puis savoir si ce mot décisif n'est pas celui que vous allez dire, et je vous interdirais de le prononcer !... Mais alors, vous voyez le danger : ces hommes, qui n'auront pas reçu la même éducation, sont appelés à se heurter dans la vie ; sous ces chocs répétés, leurs âmes vont s'ébranler, se modifier, peut-être changeront-elles de foi ; qu'arrivera-t-il si les idées nouvelles qu'ils vont adopter sont celles que leurs maîtres anciens leur représentaient comme la négation même de la morale ? Cette habitude d'esprit se perdra-t-elle en un jour ? En même temps, leurs nouveaux amis ne leur apprendront pas seulement à rejeter ce qu'ils ont adoré, mais à le mépriser : ils ne conserveront pas pour les idées généreuses qui ont bercé leurs âmes ce souvenir attendri qui survit à la foi. Dans cette ruine générale, leur idéal moral risque d'être entraîné ; trop vieux pour subir une éducation nouvelle, ils perdront les fruits de l'ancienne !

Ce danger serait conjuré, ou du moins atténué si nous apprenions à ne parler qu'avec respect de tous les efforts sincères que d'autres font à côté de nous ; ce respect nous serait facile si nous nous connaissions mieux.

Et c'est justement là l'objet de la Ligue d'Éducation Morale. La fête d'aujourd'hui, les discours que vous venez d'entendre, vous prouvent suffisamment qu'il est possible d'avoir une foi ardente et de rendre justice à la foi d'autrui, et qu'en somme, sous des uniformes différents, nous ne sommes pour ainsi dire que les divers corps d'une même armée qui combattent côte à côte.

FIN

1. ↑ Voir chap. IV.
2. ↑ Il ne servirait à rien de dire que le rapport des chaleurs spécifiques ne serait pas changé si l'on attribuait 6 degrés de liberté à l'argon et 10 à l'oxygène. C'est bien 3 degrés de liberté et non pas 6 qu'exige la théorie cinétique des gaz fondée sur le théorème du viriel.
3. ↑ Conférence faite à la Société Française de Physique, le 11 avril 1912.
4. ↑ Cette allocution a été prononcée par Henri Poincaré à la séance inaugurale de la Ligue Française d'Éducation Morale, le 26 juin 1912, trois semaines avant sa mort. C'est la dernière fois qu'il ait parlé en public.